La Ciencia para Todos

La colección La Ciencia desde México, del Fondo de Cultura Económica, llevó, a partir de su nacimiento en 1986, un ritmo siempre ascendente que superó las aspiraciones de las personas e instituciones que la hicieron posible: nunca faltó material, y los científicos mexicanos desarrollaron una notable labor en un campo nuevo para ellos, escribir de modo que los temas más complejos e inaccesibles pudieran ser entendidos por los jóvenes estudiantes y los lectores sin formación científica.

Tras diez años de trabajo fructífero se ha pensado ahora dar un paso adelante, extender el enfoque de la colección a los creadores de la ciencia que se hace y piensa en lengua española.

Del Río Bravo al Cabo de Hornos y, cruzando el océano, hasta la Península Ibérica, se encuentra en marcha un ejército compuesto de un vasto número de investigadores, científicos y técnicos, que desempeñan su labor en todos los campos de la ciencia moderna, una disciplina tan revolucionaria que ha cambiado en corto tiempo nuestra forma de pensar y observar todo lo que nos rodea.

Se trata ahora no sólo de extender el campo de acción de una colección, sino de pensar una ciencia en nuestro idioma que, imaginamos, tendrá siempre en cuenta al hombre, sin deshumanizarse.

Esta nueva colección tiene como fin principal poner el pensamiento científico en manos de los jóvenes que, siguiendo a Rubén Darío, aún hablan en español. A ellos tocará, al llegar su turno, crear una ciencia que, sin desdeñar a ninguna otra, lleve la impronta de nuestros pueblos.

ESTAMPAS DE LA CIENCIA II

Francisco Javier Casillas Gómez / Luz Margarita Guzmán Arellano / Gilda Flores Rosales / Agustín López Mungía Canales / Eduardo López Orduña Georgina Rosales Rivera / Vicente Talanquer Artigas / Jorge Vasconcelos Santillán

ESTAMPAS DE LA CIENCIA II

SEP
ACADEMIA MEXICANA DE CIENCIAS
CONSEJO CONSULTIVO DE CIENCIAS
PRESIDENCIA DE LA REPUBLICA

la
ciencia/174
para todos

Primera edición, 1999

La Ciencia para Todos es proyecto y propiedad del Fondo de Cultura Económica, al que pertenecen también sus derechos. Este libro se publica con los auspicios de la Secretaría de Educación Pública, el Consejo Nacional de Ciencia y Tecnología, La Academia Mexicana de Ciencias y el Consejo Consultivo de Ciencias de la Presidencia de la República

Carretera Picacho-Ajusco 227, Bosques del Pedregal, 14200 México, D.F.

ISBN 968-16-6088-9 (Tomo II)
ISBN 968-16-6086-2 (Obra completa)

Impreso en México

PRESENTACIÓN

En agosto de 1996, la Academia Mexicana de Ciencias (AMC), el Consejo Consultivo de Ciencias de la Presidencia de la República (CCC) y el Consejo Nacional de Ciencia y Tecnología (Conacyt) suscribieron un convenio de colaboración general para apoyar diversos proyectos vinculados al desarrollo científico y tecnológico del país.

La colaboración interinstitucional ha creado un espacio muy valioso para desarrollar acciones conjuntas, conducentes a organizar y estructurar propuestas que permitan fortalecer la ciencia nacional, coadyuvar en la formación de recursos humanos y buscar alternativas y mecanismos para fomentar la divulgación de la ciencia.

Desde un inicio, resultó evidente que una de las primeras acciones relevantes a conducir por esta instancia debía ser la búsqueda de esquemas novedosos que despertaran en el joven de educación media su interés por la ciencia.

Nace así la idea de estructurar una serie de textos sobre temas científicos, orientada a jóvenes de educación media y media superior, mediante un concurso abierto para este propósito.

La AMC, el CCC y el Conacyt nombraron un comité para

la elaboración de la convocatoria correspondiente, grupo que después se constituyó en Jurado.

El comité estuvo integrado por la doctora Rosalba Casas Guerrero, del Instituto de Investigaciones Sociales de la Universidad Nacional Autónoma de México (UNAM), el doctor Hira de Gortari, del Instituto de Investigaciones "Dr. José María Luis Mora", el doctor Fernando del Río Haza, por parte de la Secretaría de Educación Pública (SEP) y el doctor Jorge Flores Valdés, del Centro de Ciencias Físicas de la UNAM, quien fungió como Presidente del Jurado.

El hilo conductor que permitió la escritura de las historias relatadas en los ensayos consistió en un cuento —publicado en este volumen— que para tal efecto escribió el doctor Fernando del Río Haza sobre un día en la vida de un joven común y corriente que se enfrenta al mundo contemporáneo, es decir, tomar el metro, estudiar, oír discos compactos de rock & roll, ver películas en la videocasetera, leer el periódico o informarse sobre el SIDA.

La convocatoria invitaba a los concursantes a seleccionar una actividad de la vida cotidiana de ese joven, para enmarcarla en alguna disciplina y desarrollar la explicación conceptual correspondiente.

Se recibió un total de 89 trabajos en diferentes áreas de las humanidades, de las ciencias y de las ingenierías. Un amplio grupo de talentosos colegas evaluó con toda seriedad y rigor los trabajos sometidos, auxiliando así al Jurado a tomar la difícil decisión de elegir entre tantos buenos ensayos. Finalmente, el Jurado seleccionó 20 trabajos ganadores, que son los que se presentan en esta serie de tres volúmenes, editados por el Fondo de Cultura Económica, en la colección La Ciencia para Todos.

En nombre de las tres instituciones, agradezco sinceramente el interés de la Secretaría de Educación Pública en este proyecto, que a través de su titular brindó su orientación y apoyo para consolidar este proyecto. Asimismo, agradezco al Fondo de Cultura Económica, casa editorial garante de la calidad, el cuidado y la distribución de la obra.

Mención especial merece el trabajo comprometido del Jurado, quien dio seguimiento al proceso desde sus inicios y trabajó arduamente para dictaminar los trabajos ganadores.

Expreso también nuestro reconocimiento a todos los concursantes que participaron con sus trabajos, compartiendo sus conocimientos y esforzándose por brindar lo mejor de su talento.

Finalmente, felicito a los ganadores del concurso y anticipo el éxito que la publicación de sus trabajos tendrá en beneficio de nuestro país.

FRANCISCO BOLÍVAR ZAPATA
Presidente de la
Academia Mexicana de Ciencias
Agosto, 1999

CUENTO

Un momento antes de que ocurriera recuperó la conciencia y, como todos los días, se preparó para aguantar sin moverse; quizá esperaba que si él lo soportaba sin inmutarse nadie más lo notaría y terminaría por desvanecerse. Pero, como siempre, su esfuerzo fue en vano; aunque apretó los párpados y se cubrió la cara con las cobijas, el ruido del despertador continuó haciéndose cada vez mas intenso. Ni modo, había que levantarse antes de que llegaran a regañarlo como de costumbre.

Saltó de la cama y camino al baño vio por la ventana del pasillo las azoteas de las casas vecinas. La mañana estaba fría y gris; iba a ser otro día de muchos imecas. Abrió la regadera mientras se lavaba los dientes, así podría esperarse a que saliera el agua caliente; pero si su papá lo cachaba le iba a reprochar que no pusiera una cubeta para no desperdiciar el agua. ¡Qué lata con lo del agua! Que si el tanque del excusado era muy grande, que si no había que regar la banqueta, que si se desperdiciaba mucha agua...; como si no hubiera otras cosas de qué preocuparse. Cuando entró a la regadera, los vidrios de la ventana y el espejo se habían empañado.

Mientras se vestía, podía oír el radio que tenía su mamá en la cocina; estaban pasando las noticias: que cuántas marchas de protesta hubo ayer, que los líos en la cámara de diputados, que el pronóstico del tiempo... Ya vestido con vaqueros, tenis y sudadera, fue a ver qué desayunaba. Su mamá había recalentado unos tamales y la leche estaba casi hirviendo en la estufa. "¡Bájale a la lumbre antes de que se tire la leche!" La olla estaba muy caliente; casi la tira al brincar por la quemada que se dio; mejor usar un trapo para agarrarla. La quitó de la lumbre apenas a tiempo, cuando la leche burbujeaba y subía hasta el borde. A su mamá se le antojaba un horno de microondas como el que había en la fonda; con ése se podía calentar todo en un santiamén. Quedaba algo de jugo en el envase de cartón que estaba en el refrigerador y se sirvió la mitad. También se sirvió una taza de leche, le puso dos cucharadas de café soluble y otras dos de azúcar y las agitó para que se disolvieran. Acompañó el café con unas rebanadas de pan untadas con margarina.

Salió corriendo de su casa bajando las escaleras de tres en tres. Acababa de dar la vuelta a la esquina cuando pasó la pesera. Tuvo que correr para alcanzarla y subirse de palomita. Esa parte del viaje a la escuela era la más pesada; dentro, estaba repleto de gente, y fuera, la calle estaba llena de coches, micros y camiones. Para variar, los semáforos no los habían sincronizado y el tráfico era un caos. Lástima que a él no le quedaba el Metro para ir a la escuela; aunque a esa hora iba repleto, era bastante más barato y seguro que la pesera. Luego tenía que transbordar para tomar un autobús que lo llevaría casi hasta enfrente de la escuela. Mientras esperaba al camión se puso a ver los titulares de los diarios en el puesto de periódicos y luego a observar los vehículos que pasaban. La verdad, aunque algunos todavía echaban humo —sobre todo los camiones—, la mayoría estaba mejor desde que comenzaron con eso de la verificación. En eso pasó un avión que despegaba del aeropuerto cercano, haciendo un ruideral. ¡Cómo le hubiera gustado viajar en avión! Eso sí era manera de viajar: ¡menos de una hora para llegar a Acapulco! ¡Y todavía mejor, ir a los Estados Unidos o a Europa en unas cuantas horas! Recordaba que hacía unos años había ido con su papá y sus hermanos al aeropuerto para ver llegar el Concorde. Salvo esa vez, a los aviones supersónicos sólo los había visto en la tele.

Al llegar a la escuela se encontró a varios cuates y juntos entraron a clase, pero el profesor lo mandó a que prendiera la luz del salón. Cuando regresó estaban comenzando un concurso para ver quién era mas rápido con la calculadora. Él era bastante bueno y hasta le había ayudado a su hermana a aprender a usar la registradora electrónica que le pusieron en la tienda donde trabajaba. Aunque no era muy matado, sí le gustaba estudiar; sobre todo se entretenía mucho leyendo y eso le ayudaba para la escuela. Cuando podía, iba a visitar a su tío, que tenía un chorro de libros: novelas, textos de historia y de otros temas; muchos eran muy interesantes y se los prestaba sin problema.

Después de matemáticas y etimologías, tuvo laboratorio de biología. Les tocaba una práctica de protozoarios y analizaron varias muestras por el microscopio. Tenían que observar con cuidado y luego hacer un dibujo de lo que veían; a él le tocó ver algo que le pareció una bacteria: se le notaba claramente la membrana, cubierta por fuera de "pelitos" y con varias cosas dentro. No podía identificar qué eran, pero si comparaba su dibujo, aunque no era muy bueno, con el del libro, esperaba encontrar los nombres de las partes. Después el director fue a la clase para avisarles que la siguiente semana llegarían a la escuela las dos computadoras que habían conseguido; las iban a usar para la clase de matemáticas y los sábados darían clases especiales. Todos decían que para conseguir chamba había que aprender a usar las computadoras; él esperaba estudiar una carrera y ya tendría tiempo de aprender si las necesitaba.

A la hora de deportes le tocaba gimnasia. A él le aburría bastante eso de tener que saltar al ritmo que marcaba el profe de deportes por el altavoz. Lo que sí le gustaba era echarse una cascarita a la salida de clases. Ayer había ido con varios amigos a jugar futbol y lo había disfrutado. Alguien había llevado su nuevo balón de un vinil especial, como los profesionales, no había llovido y habían podido jugar muy bien.

Hoy no iba a jugar después de la escuela porque habían quedado en ir a casa de un amigo que tenía un estéreo muy padre, con "surround", discos compactos y toda la cosa. Pero antes de ir a oír música tenía que pasar por su hermana a su trabajo, acompañarla al hospital del Seguro para que la revisaran y regresar a su casa a comer. Con todo, podría estar libre a tiempo para la tarde.

No le gustaba nada visitar clínicas u hospitales y ver tanta gente enferma de tantas cosas. Su hermana se había roto un brazo al caerse en la escalera de su casa, hacía ya casi dos meses, y tenía cita para ver si ya le quitaban el yeso. Las radiografías parece que salieron bien, pero el médico dijo que tenía que esperar un poco más con el yeso. Eso la puso de mal humor y en el viaje de regreso a su casa la pasaron sin platicar.

Comió lo más rápido que pudo, no sin antes lavarse las manos; su mamá se preocupaba mucho por la salud de la familia y cuando eran chicos se había encargado de que no les faltara ninguna vacuna. Desde que su papá pescó una infección que lo tuvo en cama varios días, mamá les daba una lata horrible con lavarse las manos y no comer porquerías en la calle. Los antibióticos que le dieron a papá funcionaron bien y la cosa no pasó a mayores; pero desde entonces su mamá andaba histérica con eso del cólera.

Pese a las carreras, fue de los primeros en llegar a casa de su amigo. Mientras llegaban los demás, prendieron la tele para ver un concierto de rock que transmitían directo desde Nueva York. Su amigo tenía tele con cable y en su casa era donde veían los conciertos y partidos de fut americano. Por estar viendo el concierto, se les hizo tarde y no tuvieron mucho tiempo para escuchar el nuevo estéreo. Cuando empezaron las llamadas por teléfono a sus amigas, que las esperaban en sus casas, fue señal de que tenían que cortar la reunión.

De regreso a su casa ya era de noche y seguía lloviendo. Pese al pronóstico de "lluvias aisladas", no había dejado de llover toda la tarde. ¿Por qué nunca le atinaban? Como le gustaba caminar en la lluvia mientras no fuera un verdadero aguacero, se fue a pie en vez de tomar la pesera. Las tiendas, fondas y taquerías aún no cerraban y los letreros de neón iluminaban la calle encharcada con reflejos multicolores. Cuando pasó enfrente del cine la gente estaba saliendo de la función. Ojalá y pudiera ir a ver la película el fin de semana; era sobre un enfermo de SIDA y decían que estaba muy buena. En la esquina de su casa había una bola de gente; con lo mojado del pavimento, un coche se había patinado al frenar y había chocado con otro que estaba estacionado.

Subió a su casa a tiempo para merendar, platicar con su papá un rato mientras veía la tele y luego estudiar un poco. Su papá prefería ver los programas de concursos, aunque también veía las noticias y, los fines de semana que se podía desvelar, una película. Tuvo que dejar de platicar para ir a sacar la ropa de la lavadora y poner otra carga con todo y su detergente. Eso le tocaba a su hermana, pero desde que andaba con el brazo enyesado lo tenía que hacer él. Casi no pudo estudiar. Mañana tendría que machetear toda la tarde para no retrasarse tanto con las tareas.

Ya era tarde cuando se acostó. No tardó en dormirse.

I. De chícharos, moscas, bichos y humanos: la genética

Gilda Flores Rosales
y *Eduardo López Orduña*

En algún salón de clases...

—Bien, muchachos, el trabajo final consistirá en un reporte acerca de alguno de los experimentos cruciales para las ciencias biológicas, y, sobre todo, que tenga hoy en día una aplicación importante en beneficio del ser humano.

¿Bien?, esa palabra en labios del profesor de biología era presagio de grandes problemas, y qué digo grandes, si además iba seguida de muchachos, eso era equivalente a...

Al empezar a repartir los temas, dijo señalándome:

—A nuestro afortunado compañero le toca realizar su investigación sobre genética.

¿Qué? Y ni cómo decir algo, ese monstruo de dos metros de alto, con su barba de cabra y sus impresionantes ojos detrás de esos lentes de fondo de botella, me miraba fijamente al mismo tiempo que extendía la mano para entregarme las hojas donde venían el tema y la bibliografía básica.

—¿Eh? Este… sí… claro, está bien el tema.

—Para realizar este trabajo deberán, además de consultar la bibliografía mencionada, acudir con una persona que se encuentre en estos momentos realizando una aplicación del tema que les tocó.

Bien, ¿y qué otra cosa podía decir? Después de todo no era un alumno estrella en la materia en esos momentos, sino más bien estrellado. El profesor se alejó de mi asiento y continuó repartiendo golpes, perdón, trabajos. ¡Genética! Menudo lío. Esa palabra la había oído mencionar, con respeto a veces y otras tantas con entusiasmo, por parte de los alumnos de temas selectos de biología, o sea los sabelotodo que salen del bachillerato.

Sonó la campana, por desgracia demasiado tarde para mí. Tomé mis cosas y me reuní con mis amigos en el pasillo. Empezaron las burlas.

—Sí, está bien el tema. Es lo más falso que has dicho en los últimos seis meses —dijo uno de ellos.

—¿Qué querías? Ésta es la prueba de fuego para él: ¡o entrega un excelente trabajo o el *Yeti* le da cuello! —dijo otro.

Gracias al cielo nunca falta un buen compañero, y decidido a sacar ventaja de esto tiré el golpe bajo:

—Oye, ¿podrías cambiarme tu tema por el mío?

La trampa era perfecta, la cara de sufrimiento, el disfraz de desvalido, todo el teatro necesario para convencer a cualquiera, pero…

—Lo siento, pero cada trabajo que repartió lo dio por lista, así que no puedo cambiártelo.

En fin, me esperaba un largo fin de semana. Camino a la biblio empecé a revisar las hojas que me dio el *Yeti*. El trabajo debía constar de un marco histórico con los aspectos más importantes acerca del tema, las definiciones y conceptos más usuales y finalmente su aplicación al bienestar y salud del hombre. ¡No lo puedo creer! Finalmente se debía reconstruir un experimento de forma sencilla que recordara alguno de los eventos cruciales en dicha área.

Tan metido en la lectura estaba que no me fijé por dónde caminaba y choqué de frente con una mole que venía en sentido contrario.

—¡Fíjate por dónde…!

La respiración se me fue y el habla también, ya que al levantar la cara vi a la mole con la que había chocado, era ni más ni menos que el *Yeti* en persona.

—¡Discúlpeme, profe! Es que iba muy entretenido y…

—No hay cuidado, compañero. Me alegra ver que ya ha iniciado su trabajo. ¡Espero que con él logre elevar el promedio y pase más que honrosamente la materia! Además, verá que es muy interesante, aunque algo extenso. ¡Ah!, eso sí, le recuerdo que lo más importante es buscar la aplicación.

¿Extenso? ¿Acaso dijo "un poco extenso"? En la bibliografía básica había más de una docena de libros y un poco más del doble de referencias hemerográficas.

—Oiga, pero yo no conozco a nadie que aplique esto de la genética. Además, no me parece que tenga mucha aplicación en beneficio del hombre.

—¿Eso crees? Tal vez opines diferente cuando termines. Pero no hay problema; para empezar puedes ir a cualquiera de los hospitales grandes donde cuenten con un laboratorio de diagnóstico genético, o a las facultades de ciencias biológicas a pedir información, o consultar en otras bibliotecas o simplemente ver la televisión o escuchar las noticias. ¡Ánimo! El campo de aplicación de la genética es tan grande y variado que no tienes ni idea de todos los sitios en donde se usa.

Sin mediar más palabras y mirando su reloj el profesor se alejó a toda prisa hasta perderse en el estacionamiento.

Con esa estatura, su bata y su cabello alborotado, más que profesor daba la impresión de ser uno de los jinetes del apocalipsis... ¡y por su grosor, no era precisamente el hambre!

Con paso incierto y no muy convencido entré a la biblioteca. Una vez dentro, mis ojos vieron una imagen celestial, ¡qué digo celestial!, ¡fuera de este mundo! Ahí, en medio de todos los libreros y estantes estaba ella, Paty, la chica más bella de toda la clase. Me hubiera pasado horas contemplándola si no me hubiesen materialmente quitado de la entrada de la biblioteca. Emocionado, me acerqué a ella y pude ver que se hallaba en la sección de libros de biología, bioquímica y genética. La respiración se me fue y por poco me estalla la cabeza al ver que ella volteó hacia mí y...

—¡Hola! Ay, manito, disculpa que te moleste, ¿no me podrías alcanzar ese libro, porfa?

¡Manito! Si cualquiera otra lo hubiera dicho, la hubiera tirado de loca, pero esa palabra salida de sus labios y ¡esa voz! eran suficientes.

—¡Síihh...! ¡Cof! Sí, claro...

"¡Desde luego, todo el estante si fuera necesario!", pensé.

¡Oh no! ¡Me salió un *gallo* inoportuno! Ésa era la primera vez que me atrevía a llegar tan cerca de ella y entablar una conversación desde que iniciamos el bachillerato. ¡Dos años y después de todo era justamente a mí a quien pedía ese libro!

—¡Gracias!

—De nada...

—¿Sabes? Es que este libro me sirve junto con otros que ya saqué para el tema que me tocó.

¿Destino, suerte, qué sé yo? Al ver los títulos de los libros el corazón me dio un vuelco, cuatro de los libros que ella tenía en su bibliografía eran los mismos que yo tenía en la mía.

—Creo que llegué tarde.

—¿Por qué?

—Me temo que me has ganado los libros.

—¡Ay, no, pobrecito! Lo siento mucho, manito, pero no te preocupes, los desocupo lo más rápido posible, deveritas.

—No te molestes, ya veré cómo le hago para conseguir otros.

—No, espera, debe haber algún acuerdo al que podamos llegar.

—No quisiera molestarte ni causar problemas…

—Claro que no, no seas tontito. ¿Qué te parece si nos vemos aquí el lunes después de clases? Así yo tengo el fin de semana para revisar los libros y sacar la información de mi tema, y si encuentro algo sobre el tuyo dejo marcada la página.

—Bueno, me parece; sirve que hago lo mismo. ¿Cuál es tu tema?

—Bioquímica, ¿y el tuyo?

—Genética.

—¡Ay, qué lindo! Mi primo es QFB, o sea químico farmacéutico biólogo, y se la pasa hablando todo el tiempo de genética.

—¿De veras?

—¡Sí! Es más, si quieres nos vemos el domingo en mi casa; él viene de visita.

¡En su casa! ¡El domingo! Claro que sí, no importó que hubiera partido de "fut" en la tele. ¡Ésta era una oportunidad caída del cielo!

—Gracias, pero no quisiera causarte molestias…

—No te preocupes. Toma, ésta es mi dirección.

La anotó rápidamente en una hoja y me la entregó. Luego tomó sus cosas y con su manita me tiró un beso soplado.

—¡Sí! —exclamé con un grito que hizo que la encargada de la biblioteca me callara. ¡El domingo, el domingo! Esas palabras resonaban en mi cabeza. Traté de concentrarme en lo que hacía y finalmente recogí algunos libros sobre ambos temas: bioquímica y genética. Acto seguido desaparecí de la biblioteca y salí hacia la Facultad de Ciencias de la UNAM, que era un lugar que ya conocía y en donde había visto alguna vez esas palabras en alguno de los laboratorios. Además, estaba cerca de la escuela. Allí me lanzaría en busca de algún científico loco que pudiera darme una pista.

En el trayecto empecé a leer un libro que hablaba acerca de la historia de la genética. Ahí se mencionaba que civilizaciones tan viejas como la persa o la egipcia ya tenían algunos conocimientos acerca de la herencia basados en la observación, y los aplicaban en plantas y animales para mejorar las razas y especies para beneficio propio. Bueno, tal vez para aquella época ésa era la aplicación más importante, tomando en cuenta que no se podía hacer más.

Llegué a la facultad y pasé por la puerta principal. Dentro parecía otro mundo: aulas y más aulas, muchos laboratorios, tanques de gas, filtros de aire, en fin. Preguntando pedí me dijeran en dónde se encontraban los laboratorios de genética.

—¿Genética qué? ¿Molecular, microbiana, citogenética?

¿Qué? ¿Molecular o microbiana? ¿Cómo?, ¿no era una sola? Después de salir de la impresión volví a preguntar a otra persona. Esta vez me señalaron uno de los edificios del fondo y me dijeron que ahí estaba el departamento de genética. Con paso firme y decidido me dirigí a él. En la planta baja había un pizarrón lleno de invitaciones a cursos, clases magistrales, talleres y conferencias de todo tipo: biología, biología molecular, bioquímica, en fin, así como la invitación a una exposición acerca de las fronteras actuales de la genética humana y otra acerca de la biotecnología. No había duda, éste era el lugar indicado para comenzar. Me impresionaron por los nombresotes que tenían. Subí las escaleras y llegué a una de las salas de conferencias. Pude ver que la sala estaba casi llena, pero en el fondo descubrí algo muy bueno, ¡había galletas, café y refrescos! Así que me preparé para entrar.

A la entrada una señorita muy bien vestida (bueno, hasta donde el "maxicinturón" lo permitía) me preguntó si era estudiante de nuevo ingreso, a lo cual respondí con toda la "honestidad" que pude fingir:

—Sí.

—Adelante, la conferencia acaba de empezar apenas hace unos diez minutos.

Me colocó un gafete y me invitó a pasar. A tanta insistencia y poca resistencia, ¿quién se opone? Había dentro profesores con batas, gente de traje y alumnos de la facultad. Tomé uno de los programas de mano y me dispuse a oír. Bastaron quince minutos para darme cuenta de una cosa: ¡No entendía nada! Cuando llegó el receso me acerqué a la mesa donde estaban las galletas y los refrescos en lata. Tomé algunas galletas y un refresco y me dispuse a salir. Con lo que había oído ahí dentro me sentía agente secreto: "...que el VIH puede ser diagnosticado por medio de Elisa, que fragmentos muy pequeños de ADN y ARN pueden ser analizados por PCR, FRLV o Southern, Northern, Western" y nombres por el estilo. Yo creo que ni el agente 007 hubiera entendido algo de estas claves. Caminé por los pasillos mientras comía las galletas y tomaba el refresco. Así pasé por enfrente de uno de los salones y alcancé a oír:

—...para llegar a la conclusión de que era en los genes donde se hallaba la clave de la herencia fueron necesarios numerosos estudios en modelos vegetales por parte de Mendel, ya que sus trabajos con plantas de chícharos...

¿Chícharos? Pero si eso me pone a limpiar mamá ahora que mi hermana está con el "ala" rota. Seguí caminando y llegué a uno de los laboratorios donde pude observar diversos anaqueles con frascos de vidrio que contenían moscas. Vi cómo a algunos alumnos, bajo la supervisión de un profesor, les daban una papilla de frutas. Otros cambiaban los huevecillos y las larvas de un frasco a otro. Seguí mi recorrido y mi curiosidad aumentaba paso a paso. Había laboratorios con aparatos bien padres, que sólo había visto en películas, y otros que ni siquiera había imaginado.

Finalmente, en uno de los laboratorios me llamó la atención una foto grande a colores con unos tachecitos que parecía traían pijama a rayas. Mientras observaba la foto uno de los profesores del laboratorio, un hombre de edad pero con cara de muy buena onda, me preguntó qué buscaba. Yo le conté acerca de mi trabajo. Me escuchó con paciencia, pese a que estaba algo ocupado, y me dijo que si lo que buscaba era una aplicación en beneficio del hombre, encontraría muchísimas. Me invitó a regresar el lunes y me dijo que con todo gusto me ayudaría a realizar el trabajo, ya que él se dedicaba a la genética molecular. Me comentó que lo que él hacía era obtener sondas para diagnóstico de enfermedades hereditarias. De momento no entendí a qué se refería con lo de sondas, pero la idea me pareció magnífica. No sólo me dijo eso, sino que de su escritorio sacó una carpeta de notas algo maltratada.

—Este cuaderno tiene algunos apuntes con conceptos básicos acerca de la genética y ramas afines. Bueno, en realidad no son apuntes, lo que se dice apuntes, algunos son acordeones que he quitado a muchos de mis alumnos y otras son revisiones que han hecho sobre la genética, además hay un glosario de esa especialidad. Los guardo porque están muy bien hechos y sobre todo escritos de una forma muy clara y amena.

Me prestó la carpeta y quedamos de vernos ahí el lunes. Todo marchaba de maravilla, un domingo con un ángel del cielo y un lunes "de pelos", pues mis problemas estaban casi resueltos.

Llegué a casa sin muchos contratiempos. Saludé a mamá con un "¡Hola!, ¿qué hay de comer?" seguido de un beso en la mejilla. Una vez oído el regaño de rigor, subí a mi cuarto a dejar los libros y lavarme las manos para bajar a comer. Repasando los éxitos obtenidos durante el día, bajé a la cocina.

Al terminar de comer subí de nuevo a mi cuarto y me dispuse a hablar por teléfono con mis cuates para dejarlos muertos de envidia con el notición de mi cita con Paty en su casa este domingo, pero me quedé con las ganas, porque mi hermana se encontraba en plena conferencia telefónica. Decidí empezar a hacer el resto de la tarea para poder, después de concluirla, leer y ordenar la manera en que debería empezar a realizar el trabajo.

Apenas logré terminar cuando me gritó mi mamá que mi jefe había llegado. Bajé a saludarlo, y ya entrados en plática nos llegó la hora de cenar. Durante la cena encendimos la tele. A mi papá le gusta ver en la noche las noticias y luego le cambia a alguna película para desvelados. Después del noticiero mi papá empezó a cambiarle de canal y la dejó donde había visto anunciado un ciclo de cine francés, que estaba dedicado a la comedia, pero la película aún no comenzaba. En ese momento había un programa en el que estaban como invitados varios científicos y médicos. El programa estaba por terminar y yo me dispuse a subir a mi cuarto, pero entonces el moderador pidió que se concluyera el tema tratado. Uno de los invitados habló para finalizar, y lo que comentó hizo que me regresara corriendo, le subí al televisor.

—Para finalizar quisiera dejar en claro que el interés más grande por ahora es promover en nuestro país el estudio molecular de las enfermedades hereditarias con el fin de avanzar en su diagnóstico, prevención y posible terapia, así como dar un fuerte impulso a la biotecnología, cuyo impacto se ha dejado sentir en los más diversos ámbitos y campos del quehacer humano. Como mis compañeros expusieron aquí, se ha luchado por establecer el diagnóstico molecular, así como emprender más estudios de genética y epidemiología de varias enfermedades hereditarias. Por el momento el esfuerzo se ha centrado en enfermedades como fibrosis quística, distrofias musculares y hemofilia clásica, pero esperamos ampliarlo a más enfermedades y de esta forma lograr convertirnos en un apoyo sólido tanto para los pacientes como para los médicos. En el campo biotecnológico se han logrado avances muy importantes, como la producción de productos biológicos como interferón e insulina y un gran número de productos para industrias, como por ejemplo la alimentaria. También hay logros muy importantes en la obtención de microorganismos capaces de degradar sustancias peligrosas y así contribuir a mejorar el ambiente…

El moderador intervino por última vez antes de despedir a sus invitados y recordar el horario de transmisión del programa.

—Bueno, con lo que escuchamos hoy nos hemos enterado de que en México contamos ya con varios laboratorios que trabajan con las herramientas más modernas y adecuadas para el desarrollo del diagnóstico molecular, y que asimismo son de enorme utilidad para el diagnóstico prenatal y para el desarrollo de nuevos productos comercializables en diversas ramas como la médica, farmacéutica y alimentaria, todo ello gracias al auge de la biotecnología en nuestro país. Sólo me resta decir que es de desearse que tanto en los ámbitos nacional como internacional surjan más trabajos de colaboración entre diferentes grupos dedicados a la investigación y la aplicación de conocimientos que permitan mejorar la salud y optimizar las condiciones de vida del ser humano. Quisiera agradecer la asistencia de estos investigadores esta noche al programa…

Subí hecho la raya hasta mi cuarto a revisar los apuntes que me habían prestado en la facultad para ver si traían algo acerca de la genética y biología molecular. Por fortuna no sólo traían eso, sino más de lo que yo pensaba.

Terminada la tarea decidí dormir, el sábado empezaría el trabajo con calma. Le quité la alarma al despertador y dormí hasta que el sol me dio de lleno en la cara. Aunque me tapé entre las cobijas, ya no pude quedarme dormido, así que decidí levantarme y darme un baño. Éste prometía ser un sábado diferente: empezaba a meterme en terrenos desconocidos para mí, pero estaban resultando muy atractivos. Esto de la ciencia era algo sorprendente, y por si fuera poco me daba la oportunidad de sacar todo lo que traía yo adentro.

Empecé la lectura de otro libro, tal vez no para sacarle todo el jugo, sino más bien como una manera de tratar de calmar mi ansia, ya que en mi cabeza estaba fijo el domingo. Es curioso, pero ¿se han dado cuenta de lo rápido que puede pasar un sábado?

Al mediodía del domingo…

—¿Sí? ¿Qué desea?

Esa voz era inconfundible. Jalé aire, escondí detrás de mí las rosas que había comprado para ella y traté de contestar con la voz más gruesa que pudo salirme en ese momento:

—Soy yo.

—¡Hola!, adelante, pasa...

—¡Hola!

—¿No te fue difícil dar con la casa?

—No, no hubo problema. ¿Sabes?, venía hacia acá y te traje un pequeño obsequio...

—¡Son preciosas! ¡Gracias!

Junto con el son preciosas incluyó un superbeso —en la mejilla, claro está, pero que no dejaba lugar a dudas el interés por mí. (Si no se echa porras uno, ¿entonces quién?)

Me hizo pasar a una salita que tenía junto al estudio, en lo que ella iba a buscar un florero para colocar las rosas. En eso bajó su primo...

—Hola, tú debes ser el amigo de Paty. Yo soy Gerardo, su primo.

En son de broma, Paty le dijo a su primo que iba a empezar el interrogatorio, pero le advirtió que por favor fuera lo más claro posible y no empezara a "alucinar", como solía hacer siempre que explicaba algo relacionado con su carrera.

—No, hombre, ¿cómo crees, chaparra?

—¡No me digas así! —dijo ella.

—Está bien, ya no te digo. Bueno, ¿de qué se trata este asunto?

En pocas palabras le explicamos lo del trabajo, en qué consistía y por qué pedíamos su ayuda. Él sonrió cuando vio los temas que nos habían tocado.

—Por fortuna les tocaron temas muy relacionados entre sí; la historia de la genética y la bioquímica se entrelazan, y además ambas se apoyan y complementan perfectamente.

¿No era acaso esto una prueba más de que el destino nos unía a Paty y a mí?

—¿De verdad?

—Por supuesto. Supongo que ya tienen algunos antecedentes y conceptos sobre el tema, ¿no?

—Pues sí, algo.

Una vez que revisó lo que Paty había escrito y parte de las citas bibliográficas que señalé en los libros que llevaba, se dirigió a mí.

—¿Y cuál es el área de aplicación de la genética sobre la que te llama la atención hablar?

—Pues el área de la salud y la biotecnología.

—¿No viste en la tele el programa del viernes sobre los avances de la genética humana y la biotecnología en nuestro país?

—Sí, aunque no completo, por desgracia.

—Lástima, porque lo que ahí se trató fue lo último que ha logrado la genética y sus ramas en expansión. Aunque para llegar a esto hizo falta un gran esfuerzo por entender los mecanismos que entran en juego para sacarle todo su jugo al material genético, y poder hacer las maravillas que se están haciendo en áreas tan diversas como la salud, la medicina, los alimentos, las tecnologías de energía, la ecología, en fin. Bueno, pero ¿qué es lo que tienes escrito?

Le enseñé parte de lo que había apuntado en relación con la antigüedad de la genética y las fechas que marqué a partir de los trabajos de Mendel en 1866; aunque le tuve que decir que algunas cosas no me quedaban muy claras.

—Sí, ese fue el punto de partida para la gran aventura de la genética. Pero tuvo que transcurrir mucho tiempo, y requirió de verdaderos pleitos entre los pensadores de siglos pasados. En primer lugar tuvieron que entender cosas que hoy nos parecen tan claras que ni les damos su debida importancia, como por ejemplo: ¿cómo es que la gente se parece a sus padres?, ¿cómo se forma un nuevo ser vivo?, o bien el hecho de que algo vivo engendra algo vivo, pero la materia inanimada no genera vida. Aunque en civilizaciones como la griega, egipcia, árabe y persa, por mencionar algunas, se intuían los principios de la herencia, no se sabía en forma clara y bajo la luz del método científico por quién y cómo estaba regida.

En primer lugar, se dice que el monje y botánico austriaco Johann Gregor Mendel (1822-1884), considerado el padre de la genética, escogió las plantas de chícharos por ser organismos sencillos que podían fertilizarse y cultivar fácil y rápidamente; otros dicen que realmente fue suerte, pero sea uno u otro, lo que sí se sabe ahora es que Mendel tuvo mucho tiempo. Recuerden que era monje, muy culto, bueno para eso de observar y sobre todo para entender lo que observaba, y seguramente tenía una muy, pero muy buena imaginación. Así que tuvo mucho cuidado en seleccionar una variedad en especial de chícharo, la cual obtuvo y purificó por autopolinización repetida. Eso fue lo principal de su trabajo: obtener especies totalmente puras, para así poder describir en forma sistemática los descendientes que obtendría de diferentes cruzas.

—O sea las plantas altas y las enanas ¿no?, pero en los libros se menciona algo acerca de *caracteres*.

—Así es, ese fue otro punto. Mendel escogió los caracteres o rasgos a estudiar en las plantas de chícharos de tal manera que no hubiese confusión alguna al realizar los conteos. Escogió altura, color, forma de la semilla y posición de las flores, y de esta manera llegó a sus conclusiones por medio de un riguroso análisis matemático y estadístico de estas cuentas. ¡Y que conste que no disponía de las calculadoras de bolsillo que hay hoy en día! Así, Mendel empleó sus plantas de chícharos para demostrar que ciertos rasgos, que ahora denominamos *genes,* se manifiestan en uno solo de los padres y aparecen en todos los descendientes. A estos rasgos los llamó *caracteres dominantes.* Sin embargo, observó que otros rasgos aparecían en la descendencia sólo si se manifestaban en ambos pro-

FIGURA I.1. *En esta fotografía, tomada en una visita en Londres, aparece Johann Gregor Mendel, se encuentra en el centro, con lentes, y es el único que no ve hacia la cámara.*

genitores, siendo cada uno de ellos totalmente puro. A éstos les denominó *caracteres recesivos,* que son formas alternativas del carácter dominante.

—Bueno, eso suena interesante, pero ¿cómo se dio cuenta de esto, si dices que ambas plantas de chícharos eran puras? Según entendí, de una planta alta totalmente pura se tendrán plantas hijas todas altas.

—Ahí estuvo el problema, pero lo resolvió al cruzar a las dos cepas puras: altas con enanas. En este caso el carácter o rasgo que eligió fue la altura. Si te fijas, estaba presente lo que él había denominado como carácter dominante por parte de las plantas altas, y su versión alterna en las enanas. Al cruzarlas se fijó que en la primera generación, o *filial uno,* como la llamó, el rasgo recesivo desaparecía: todas las plantas eran altas. Pero si se cruzaban plantas de dicha generación entre sí, reaparecía la forma recesiva, o sea se veían algunas plantas enanas además de las altas, en una proporción de tres altas por una enana en la segunda generación, o *filial dos.* Así que, primita, ¡eres una recesiva en esta familia!

La respuesta por parte de Paty fue un certero cojinazo en la cabeza y una mueca tan curiosa que no pude aguantarme la risa, por lo que también me tocó un golpe en la cabeza y un grito:

—¡¿De qué te ríes?!

Pasado el coraje de Paty, Gerardo nos siguió platicando de los experimentos de Mendel y de cómo llegó a formular las leyes que rigen la herencia de los genes.

—De esta cruza fue que Mendel concluyó que cada una de las plantas, "padre" y "madre", debía poseer dos *unidades hereditarias,* ya que en su época no se había demostrado la presencia de los cromosomas.

—¡Ah!, los tachecitos.

—Sí, esos "tachecitos" se llaman cromosomas, pero a ellos llegaremos más adelante. Bueno, él dijo que éstas *unidades* se separaban en la formación de los *gametos,* o sea del polen y los óvulos, de manera que cada gameto tendría sólo una de las unidades. Con esto formuló la primera ley de la genética: "las características hereditarias están determinadas por factores, hoy conocidos como genes, los cuales se transmiten de una generación a otra a través de los gametos".

—¿Y las otras dos? —preguntamos a coro Paty y yo, cada vez más interesados en el tema.

—Ésas las concluyó con otro experimento en donde siguió dos caracteres dominantes y recesivos haciendo cruzas por dos generaciones. Con ello demostró que los diferentes pares de caracteres se podían comportar de manera independiente unos respecto a otros. Es decir, los dos factores existentes para cada rasgo no se mezclan, ya que no obtuvo plantas medianas, sino que permanecen diferenciados unos de otros y se separan cuando se forman los gametos. Finalmente, dijo que los caracteres para cada rasgo específico se heredan independientemente unos de otros. Aunque esto sonó muy bonito en 1866, sus conclusiones fueron demasiado adelantadas a su época debido a que no tenía la prueba física de qué eran esos caracteres, por lo cual su trabajo fue ignorado.

—O sea que lo tiraron de a "lurias".

—Más o menos. Imagínense, no fue sino hasta el año de 1900 que tres investigadores de diferentes países redescubrieron estas leyes. Ellos fueron los botánicos Hugo de Vries (1848-1935) en Holanda, Karl Erich Correns (1864-1933) en Alemania, y Erich von Tshermarck (1871-1962) en Austria.

—Y de segurito le "ratonearon" por completo el crédito —dijo Paty, en tono enfadado.

—Pues fíjate que por fortuna no se lo ratonearon: le dieron el crédito a Mendel.

—¿Y por qué tardaron más de treinta años en llegar a lo mismo?

—Pues porque no se tenían muchos conocimientos y fue necesario que otra de las grandes aportaciones de la biología fuera totalmente aceptada: la teoría celular, que había sido propuesta en 1858 por dos alemanes: el botánico Matthias Schleiden (1804-1881) y el fisiólogo Theodor Schwann (1810-1882). Más tarde fue completada por su compatriota, el patólogo Rudolph Virchow (1821-1902), y de esta manera se llegó a establecer la conexión entre la genética mendeliana y la división celular.[1]

—Y después de esto —siguió narrando el primo de

[1] Si quiere saber más acerca de estos temas, puede leer "La historia de la célula: un viaje hacia dentro", de Martín Bonfil Olivera, en *Estampas de la ciencia*, vol. 1.

Paty— todavía siguió la bronca: a pesar de que el bioquímico suizo Friedrich Miescher (1844-1895) había descubierto en 1871 la *nucleína* en las células sanguíneas, llamadas *leucocitos,* para los científicos de aquella época no representó un avance significativo, pues no les pasó por la cabezota relacionar este tipo de constituyente de las células con la importante misión que en realidad tiene. Después resultó que la nucleína no era otra cosa que el ácido desoxirribonucleico o ADN, cuya misión es almacenar toda la información hereditaria. Así que, una vez más, hubo que esperar cincuenta años antes de que los bioquímicos se centraran y realizaran investigaciones serias, cuyo resultado fue el conocimiento exacto de los mecanismos hereditarios y su transmisión.

—Y de ahí que se entrelazan la bioquímica y la genética, ¿no es así? —preguntó Paty.

—Así es, pero fue un camino algo tortuoso antes de que las dos disciplinas se juntaran y por fin dieran con un camino de bajadita, que continúa en nuestros días a una velocidad sorprendente. Pero, ¿qué les parece si comemos? ¡Yo ya me muero de hambre!

Caramba, cómo pasa el tiempo cuando uno está a gusto. La mañana se fue como agua y las hojas del cuaderno que llevaba también porque no había dejado de anotar nada de lo que este cuate nos decía. ¡Vaya que sabía del tema y le apasionaba!

Y como dice el dicho: "barriga llena, corazón contento". Regresamos a la salita después de "cargar la pila".

—Pues bien, una vez que se hubo aceptado que cada célula de un organismo es el producto de la división de otra célula y que no era verdadera la generación espontánea, se prestó una gran atención al óvulo y al espermatozoide, cuya unión representa el primer paso para el desarrollo de cualquier organismo superior, incluido, claro está, el hombre. Quien se puso a estudiar de manera seria esto fue el biólogo alemán August Weismann (1834-1914); él llegó al razonamiento de que de las dos principales partes de una célula, citoplasma y núcleo, era este último el que poseía la clave de la transferencia de la herencia. En 1892 Weismann dijo: "la esencia de la herencia está en la transmisión de una sustancia nuclear de estructura molecular específica, que por sus propiedades químicas y físicas es capaz de dar lugar a un nuevo individuo de la misma especie".

Poco tiempo después se lograron observar ciertas estructuras filamentosas en los núcleos celulares, tanto de plantas como de animales, y se comprobó que siempre estaban presentes en cualquiera de las células que lo constituían, lo que fue un paso más. Estos filamentos no eran otra cosa más que los cromosomas, que se llamaron así por que en 1888 el anatomista alemán Wilhelm von Waldeyer (1836-1921) los pudo observar en el miscroscopio por medio de una tinción. Estos cuerpos portadores de color, como ya les dije, resultaron ser constantes en número y tamaño dentro de las células que componen el cuerpo de un organismo, y variaban entre una y otra especie.

Otra cosa que se logró observar fue la existencia de dos copias de cada uno de los tipos de cromosomas en las células corporales. Se encontraban en forma de *pares de homólogos,* es decir, como si fueran gemelos idénticos. Así, en el año de 1903, Walter Sutton relacionó los cromosomas con la herencia mendeliana, porque observó que durante la división celular, que daba origen a los óvulos y espermatozoides —o sea los gametos—, los cromosomas se separaban de forma tal que cada gameto recibía un solo par cromosómico correspondiente. Así se comprobó lo observado por Mendel en los chícharos: cada progenitor contribuye con una sola unidad hereditaria para un determinado carácter. Sutton propuso que los cromosomas eran los transportadores de las unidades hereditarias mendelianas, y que tanto el óvulo como el espermatozoide contribuían cada uno con una sola dotación cromosómica en la formación de un nuevo individuo.

—Si Sutton hubiera demostrado esto en la época de Mendel, no se hubiera perdido tanto tiempo y hubiera sido más fácil convencer a los incrédulos de entonces.

—Tal vez, pero como dice la canción, "hay que darle tiempo al tiempo". Después de esto se prestó gran atención a la diferencia en el comportamiento cromosómico entre lo observado en gametos y en células corporales o "somáticas" como se les llama de manera seria. Así que se decidió dar pelos y señales de cada una de las formas de división celular. Una de ellas fue descrita como *mitosis* en 1882 por el anatomista alemán Walter Flemming (1843-1905); un año después el citólogo belga Edouard van Beneden (1846-1910) demostró que los gametos contienen la mitad del número cromosómico, por provenir de otro tipo de división, conocida como *meiosis.* Y a continuación, un corte comercial, ya que la madre naturaleza llama, ¡y en forma urgente!

El primo de Paty salió del estudio para dirigirse al baño, oportunidad que aproveché para comentar con ella lo mucho que sabía su primo acerca del tema.

—Ya te lo había dicho, le encanta hablar sobre el tema y sabe mucho.

—¿Qué dijiste que estudió?

—Químico farmacéutico biólogo, pero a él no le gustó el diagnóstico clínico y decidió especializarse en el diagnóstico citogenético.

—¡Ah, sí!, recuerdo haber oído la palabrita en la Facultad de Ciencias.

Y con el pretexto de estar más cómodo, me senté en la alfombra del estudio en lugar del sillón, con toda la esperanza de que a ella le pareciera apropiado e hiciera lo mismo, así quedaríamos más juntitos. La trampa funcionó y ella decidió también sentarse en la alfombra. En eso estábamos cuando…

—¡Ajá! ¡Ya los caché!

En ese momento me sentí peor que semáforo descompuesto: sentía que cambiaba de colores a una velocidad sorprendente y no sabía qué decir. Sin embargo, Gerardo se empezó a reír y vi cómo Paty, algo sonrojada, se rió de igual manera.

—¡No se espanten! ¡Ah, qué chamacos éstos! Más vale que terminemos esto pronto y puedan mejor platicar de otras cosas. Además, falta bastante para entregar el trabajo, ¿o no?

—Sí, tenemos una semana.

—Y ya terminaron clases en tres de las materias.

—Ahí está. Si quieren les dejo apuntadas las principales referencias para que armen su trabajo, porque yo no sé todo acerca del tema.

Pues si no lo sabía, ¡qué bien inventaba! Ya viendo desapasionadamente la escena, este tipo se estaba convirtiendo en mi ídolo, no sólo me echaba la mano con el trabajo escolar, sino también para acercarme a Paty, ¡pero en buen plan!

Paty me acompañó a la puerta y ahí me despedí de ella con un beso en la mejilla y con la intención de vernos en la semana para ir al cine. El primo de Paty me preguntó si quería un aventón al metro, y le dije que sí. No piensen mal, pero el interés tiene pies. Había que averiguar más acerca de Paty.

Hablamos de todo un poco en el camino, y finalmente me dejó en la estación del metro. Su coche desapareció rápidamente de mi vista. Bajé loco de alegría las escaleras y entré al metro con una sonrisa de oreja a oreja, que hizo que más de una persona pensara que estaba bien loco.

Esa noche, hasta el esmog de la ciudad me parecía que tenía un bellísimo color, así que decidí abrir la ventana de mi cuarto y contemplar la ciudad con sus luces prendidas y los coches de la gente que había salido a pasar el fin de semana lejos de este monstruo que es la ciudad.

El lunes llegó rápidamente, como siempre. Se me había hecho tarde. No hubo otro remedio que bañarme, desayunar, cambiarme y tomar los cuadernos. Salí dejando casi media suela de los tenis en el pavimento, pero eso no evitó que perdiera el microbús, que pasó dejando una cortina de humo peor que la del batimóvil. Ni hablar; llegaría tarde a la última clase de física.

Cuando llegué a la escuela me enteré de que por suerte no había llegado el profesor y que sólo había enviado a alguien a pegar las calificaciones. A las doce del día salí de la escuela y me dirigí a mi cita con el "doc" que me había prestado los apuntes, y que me iba a explicar acerca de su trabajo para terminar el mío.

Cuando llegué hasta el edificio y pasé a su laboratorio, uno de sus ayudantes me dijo que si lo quería esperar un rato, ya que estaba revisando unos geles que se iban a transferir. Yo dije que sí. Mientras, eché un ojo por el laboratorio, estaba padrísimo. Había frascos de todos tamaños y formas, reactivos y unos aparatitos que parecían pistolas de *La guerra de las galaxias,* además de fotos pegadas por todas partes. Estaba yo en plena investigación cuando salió el "doc" y de inmediato me reconoció. Sonrió y me dijo que estaba rezando por que yo fuera este día a verlo, ya que el viernes estaba tan ocupado que cuando me prestó la carpeta no se fijó que iba un oficio dentro, y lo peor es que no sabía ni mi nombre, ¡mucho menos mi dirección!

—Así que estoy en deuda, ya que no pensé que regresaras, y más cuando pregunté a los de nuevo ingreso dando tus señas y me dijeron que no había nadie así.

—Pues creo que yo tampoco le pregunté su nombre por la emoción —contesté.

—Tienes razón. Será mejor presentarnos, soy el doctor en ciencias David Larios.

Con una sonrisa que rayaba entre el nervio y el gusto, le dije mi nombre y le di su carpeta para que buscara el oficio que había traspapelado.

—Bueno, amigo, ¿en qué puedo servirte?

—¡En mucho!, primero, si me pudiera explicar en qué consiste su trabajo, y después si me ayuda a terminar un trabajo sobre los avances de la genética.

—Claro que sí. Mira, en pocas palabras, a lo que me dedico es a obtener lo que se conoce como ADN genómico de cualquier tejido de los pacientes. Aunque lo mejor es obtenerlo a partir de los leucocitos o glóbulos blancos de la sangre, a los que someto a un tratamiento que elimina progresivamente los restos celulares y las proteínas asociadas al ADN. Una vez concluido esto, se determina la cantidad y la integridad del ADN obtenido y se coloca en un recipiente adecuado para analizarlo por alguna de las técnicas de la biología molecular.

Se volteó a la mesa que tenía a sus espaldas, tomó un tubito de plástico con una tapita y me lo dio.

—Éste es uno de los recipientes que usamos. Bueno, una vez que ya se tiene el ADN se procede a rastrear los genes sanos o mutados que se desea estudiar. Aquí en el laboratorio contamos con dos técnicas: el análisis tipo Southern y la reacción en cadena de la polimerasa, o PCR, por sus siglas en inglés.

Cuando mencionó esos nombres puse cara de espanto, porque recordaba el día en que entré a la conferencia y me pareció que me hablaban en chino.

—¿Te sorprenden estos términos?

—La mera verdad, sí.

—¿Qué tanto sabes de genética?

—Pues yo diría que poco tirándole a casi nada, apenas voy a pasar al último año del bachillerato, que es donde nos dan más a fondo esto. Por eso el profesor de biología nos pidió este trabajo, para que no lleguemos en blanco y le sea más fácil darnos la clase de temas selectos de biología el año entrante.

—Bueno, pero ¿qué tanto es tu casi nada?

—Pues conozco la historia del señor ese de los chícharos...

—¡Mendel!

—¡Sí!, ese señor, y tengo clara la importancia de sus descubrimientos y por qué hizo las cruzas que hizo.

—Bien, ese es un buen principio.

Le enseñé los apuntes que había pasado en limpio de la plática que nos había dado el primo de Paty.

—Dado que ya conoces algo de la genética mendeliana —dijo—, no te será difícil comprender la genética molecular, que es la que yo manejo. Así que primero retomaremos algunos conceptos que al parecer ya tienes claros. Después de que se supo que los cromosomas eran los que portaban la información hereditaria se empezó a dar nombres a sus partes y a ligarlos con los conceptos de la genética mendeliana, de forma que éstos tomaran cuerpo en algo físico, como es un cromosoma. De esta manera se designó con el nombre de *locus* al sitio ocupado por lo que ahora se conoce como gen, y que para Mendel era un *factor* o *unidad.* Y así fue más fácil entender los llamados *alelos* como versiones o alternativas de un gen para una característica observable físicamente, aportadas una por la madre y la otra por el padre.

—Hoy se sabe —continuó— que los cromosomas contienen colecciones lineales de genes. Este descubrimiento se lo debemos al zoólogo estadounidense Thomas Hunt Morgan (1866-1945) y a sus colaboradores, que extendieron de manera notable el estudio de la segregación de las unidades hereditarias mendelianas, que desde 1909 son llamadas genes gracias al botánico danés Wilhelm Johannsen (1857-1927). El trabajo de Morgan fue muy interesante, para hacer sus estudios empleó la mosca del vinagre, conocida en el medio científico como *Drosophila melanogaster.* Una de las razones por las que la usó fue que podía completar su ciclo de desarrollo, desde el huevo fertilizado hasta el estado adulto, en sólo dos semanas. En estas moscas se demostró la existencia de los cromosomas responsables de la determinación del sexo. El grupo de Morgan descubrió además, mediante cruzas de moscas marcadas, que los genes se segregan en cuatro bloques a los que denominó *grupos de ligamiento,* y que fueron relacionados con la presencia de cuatro cromosomas visibles en las células de la mosca. De esta forma, para 1920 la teoría cromosómica de la herencia se había convertido en la base común del campo de la genética.

—¿Así que esto se descubrió en las mosquitas cafés que rondan el frutero que tenemos en la casa?

—Sí, en esas moscas precisamente. No sé si hayas pasado por el laboratorio que está abajo, en el primer piso, y las hayas visto muy monas en sus frasquitos.

—Sí, las vi. Por cierto, ¿no les interesarán las que hay en en el frutero de mi casa?, digo, con gusto haríamos negocio.

—A lo mejor, tal vez necesiten un nuevo tipo de cepa silvestre —bromeó el científico—. Pero para que me en-

FIGURA I.2. *El zoólogo Thomas H. Morgan (izquierda) realizó estudios sobre la estructura cromosómica de la mosca de la fruta (derecha), y con ello preparó el terreno para el descubrimiento del* ADN.

tiendas en qué trabajo, será mejor que termine de contarte los trabajos que llevaron a este "boom" de la genética.

Otro logro de los grupos de investigadores que trabajaron con este tipo de moscas fue el descubrimiento de cómo se acomodan los genes en los cromosomas. Mediante el empleo de técnicas de laboratorio y por observación directa y en el microscopio, se determinó que los cromosomas de *Drosophila* eran filamentos regulares de genes, con posiciones concretas que se creían inalterables; es decir, si a los genes los numeráramos, siempre encontraríamos al gen 1 en la primera posición, al gen 2 en la segunda y así sucesivamente. Sin embargo, más tarde se vio que el orden de los genes podía variar. Esto fue observado en 1931 por la genetista Barbara McClintock (1902-1992), la investigadora que correlacionó los cambios en la disposición visible de fragmentos de genes dentro de y entre los cromosomas, de la distribución de características genéticas específicas. Este trabajo lo realizó ni más ni menos que con el maíz. Aunque su trabajo es considerado ahora como uno de los pilares más importantes de la genética moderna, en su tiempo no se le reconoció su justo valor y fue duramente criticada. Supongo yo que más bien por el hecho de ser mujer que por la forma en que llegó a sus conclusiones, que algunos tachaban de malas o erróneas desde el punto de vista científico de esos años.

—Así que le fue igual que a Mendel —dije.

—Bueno, no tan mal, pero sí, en parte su historia podría compararse. Espero que con esto te hayas dado cuenta que pasaron casi 65 años para que los estudios clásicos de la genética mendeliana dieran a los genes una realidad física. Finalmente, a mediados de la década de los treinta, ya no eran considerados para nada entidades teóricas. Pero lo que realmente fue el cañonazo que dio paso libre

FIGURA I.3. *Barbara McClintock recibió el premio Nobel en 1983 por el descubrimiento que hizo en 1951 sobre la inestabilidad del material genético.*

a las investigaciones en los más diversos campos de la biología y la genética moderna fue el descubrimiento de la naturaleza química de los genes. Fue consecuencia de la fusión de la genética y la bioquímica, que se llevó a cabo entre los años treinta y los cincuenta.

—¿Así que la bioquímica tuvo algo que ver con el desarrollo de la genética?

—Yo diría que no sólo algo, sino mucho. El inicio de esta relación comenzó en 1909 con el descubrimiento de las enfermedades metabólicas que seguían un patrón de herencia mendeliana, tal como las describió el médico Archibald Garrod (1875-1935) en su tratado *Errores innatos del metabolismo.* Sin embargo, 1909 era demasiado pronto en la historia de la genética y de la bioquímica para darse cuenta de que son los genes los que en realidad controlan la estructura de las diversas proteínas y enzimas que requiere un organismo para llevar a cabo sus funciones vitales. Así que, de nuevo, la mosca del vinagre salió al quite y los investigadores, como el genetista estadounidense George Beadle (1903-1989) y el biólogo francés Boris Ephrussi (nacido en 1901) la emplearon en 1933 para corroborar algo que Morgan y sus colaboradores obtuvieron al manipular moscas mutantes.

—¿Mutantes?, ¿igual que las tortugas ninja?

—No, hombre, no es para tanto. Eso sí es ficción. Las moscas mutantes o cualquier organismo vivo que sea denominado mutante no son otra cosa que organismos portadores de cambios en alguno o algunos de sus genes. Como éstos controlan una determinada característica interna o externa, la mutación a veces las hace ser diferentes de su especie normal, que no presenta cambios a nivel de su material genético.

—Bueno —continuó el "doc", mientras yo me acomodaba en mi silla—, regresando a nuestro tema, Morgan y su equipo habían obtenido moscas mutantes en cuanto a su color de ojos, es decir, que presentaban cambios en los genes que determinan el color de los ojos. Así pues tomaron moscas con ojos color rojo pálido, extrajeron los genes y los injertaron en larvas normales, para que cuando éstas crecieran tuvieran ojos de color rojo intenso.

—Seré curioso, pero ¿qué es un injerto?

—Bueno, te lo podría explicar de una forma algo tosca: es como si tú cortaras un pedazo de una hoja de papel bond y la pegaras a un pliego de cartulina. Aunque los dos son papeles y contienen celulosa, son de texturas y grosores diferentes. Así, a los organismos vivos es posible "pegarles" partes de tejidos de otros organismos o de ellos mismos.

—Así que les zurcieron a esas larvas los ojos de otra mosca.

—Pues sí, les pegaron ojos de un color distinto al color que deberían tener. Sin embargo, se desarrollaron ojos normales con el pigmento rojo intenso en los lugares donde se había hecho el injerto. Beadle y Ephrussi concluyeron que algún producto del tejido normal "penetraba" en los tejidos mutantes injertados y facilitaba la formación del color normal. En pocas palabras, era posible corregir un defecto genético. Los trabajos prosiguieron y se concluyó que existía una conexión entre la actividad de los genes y la acción bioquímica. Beadle, junto con el bioquímico estadounidense Edward Tatum (1909-1975), buscó un organismo modelo más simple que *Drosophila*, en el que la bioquímica pudiera acercarse aún más a la genética. Finalmente escogió un moho que le sale al pan, cuyo nombre científico es *Neurospora crassa.* Este organismo, a pesar de ser una forma inferior dentro del reino de los hongos, deriva de dos progenitores, igual que los organismos superiores. Es decir, presenta reproducción sexual. Por lo tanto era igualmente útil para hacer cruzas, como si se tratara de una planta de chícharos o de la mosca de la fruta. Pero la mayor ventaja que presentaba era su facilidad para ser cultivado en el laboratorio, pues crece en un medio con sustancias muy sencillas: agua, azúcar como energético, sales de amonio como fuente de nitrógeno y un complemento, la biotina. Las esporas de tipo silvestre de este moho, es decir las "normalitas", podían crecer en este medio simple. Sin embargo, Tatum y su grupo observaron la presencia de algunas colonias en donde existían esporas mutantes que no crecían a menos que se adicionara una sustancia más al medio sencillo, como podía ser un aminoácido. Con ello concluyeron que las esporas mutantes eran portadoras de un solo defecto en un gen, que impedía la formación de una enzima necesaria para una determinada reacción bioquímica vital para la célula del moho. Dicho en otras palabras, dedujeron que un gen era el responsable de la codificación de una enzima.

—A ver, deje ver si le entendí: ¿un gen da origen a una proteína o a una enzima?

—Podemos decir que da origen en general a una proteína, ya que las enzimas son tan sólo un tipo especial de proteínas que tienen un papel de "herramienta" en las células. Son necesarias para poder transformar algunas sustancias en otros compuestos que la célula emplea. Bueno, si me esperas un poco te podré terminar de contar todo esto y te explicaré lo de las sondas que aquí se emplean.

El "doc" tomó su oficio y otros papeles y salió del laboratorio, momento que yo aproveché para numerar las hojitas que había garrapateado durante la plática. Si el primo de Paty era rápido para hablar, el "doc" se la mataba fácil. Pero de algo sí estoy seguro: sin los datos que me dio no hubiera podido entenderle hoy al doctor ni tampoco avanzar tan rápido. ¡Y pensar que llegué a creer que esto era un trabajo más que se le había ocurrido al *Yeti* para fastidiarnos el fin del semestre!

En vista de que el "doc" se dilataba y a mí ya me andaba del baño, decidí "hacer mutis por la derecha" e ir a buscar los baños. Cuando salía de ellos, vi que el "doc" subía por las escaleras junto con otros señores de bata que debían ser sus amigotes del alma, por la forma en que venían hablando y riendo a todo pulmón. Llegó al laboratorio y dio órdenes a diestra y siniestra. Una vez que terminó, les dijo que podían ir a comer y que debían regresar al laboratorio a iniciar algunas de las cosas que les había dicho que hicieran. Después de esto me preguntó si no lo acompañaba a la cafetería a comer algo, ya que era hora de la comida, y que ahí terminaría de darme la pequeña plática que calificó de breviario cultural. A mí la verdad me pareció magnífica idea, ya que las lombrices grandes se empezaban a comer a las chiquitas, como dicen por ahí.

Llegamos a la cafetería y pidió dos comidas corridas. Yo pregunté si lo de corridas era por que no bien se terminara de comer se debía salir corriendo para no pagar. El "doc" se rió y me dijo que no era por eso, y que la comida iba a ser a la "gringa": cada quien paga lo suyo. La idea final no me pareció tan buena, pero ya que me estaba ayudando bastante y la comida no era cara, tal vez y hasta me pudiera poner "pistola" y el que disparara fuera yo.

—Pues con estos experimentos de que te he hablado empezó la era de estudio en microorganismos como los hongos microscópicos, las bacterias y los virus.

—¡Así que se pasó de chícharos a moscas y de moscas a bichos!

—Sí, bichos, ¡mmh!

No parecía gustarle mucho la forma en que usé la palabrita.

—A partir de entonces —continuó— el uso de bacterias y otros bichos, como tú les llamas, se extendió entre los que se dedicaban a los estudios genéticos. Fue precisamente un experimento hecho con bacterias el que condujo a un descubrimiento esencial para la comprensión de la naturaleza química del gen.

En 1944 el médico canadiense Oswald Avery (1877-1955) y sus colaboradores estaban estudiando al *Streptoccocus pneumoniae*, una bacteria que afecta al humano porque produce la enfermedad conocida como neumonía. Bueno, para entonces se sabía que existían dos tipos de esas bacterias, unas muy virulentas, o lo que es lo mismo, muy dañinas, que tenían la característica de que las colonias que formaban cuando se las cultivaba eran "lisas", es decir, presentaban una capa gelatinosa a su alrededor. El otro tipo de bacterias era menos dañino, la superficie de sus colonias era algo irregular, pues no presentaba la capa gelatinosa. Por ello se les denominó "rugosas". Avery continuó con los trabajos del médico británico Frederick Griffith (1877-1941), quien demostró en un experimento con ratones infectados por dicha bacteria que esta variante rugosa se podía convertir en lisa si durante la infección se mezclaba con la variedad lisa. Avery y sus colaboradores extrajeron el ácido desoxirribonucleico o ADN de un cultivo de bacterias lisas y lo mezclaron con bacterias de tipo rugoso en un tubo de ensayo. Cuando las bacterias tratadas con este ADN se cultivaban en placas, había algunas colonias que presentaban características de las bacterias lisas, y éstas se mantenían en lo sucesivo. A estas bacterias se les denominó "bacterias transformadas". Así se demostró que la sustancia causante de la transformación, denominada "principio transformante" era nada más ni nada menos que el ADN.

—Cuando se estableció que el ADN era la molécula portadora de la herencia —siguió narrando el "doc"—, hubo un gran revuelo que hizo que se intentara responder preguntas tan antiguas como el origen de la diversidad de las especies o el desarrollo de los seres vivos. Así que los avances logrados en 1866 y 1952, año en el que un reducido grupo de científicos averiguó que el ADN era la molécula que controlaba la vida, tuvieron enormes consecuencias. El paso que faltaba, después de reconocida su importancia biológica, era determinar la estructura molecular del ADN.

—En pocas palabras, ya estaba el pastel y nada más le faltaba la cereza.

—Si lo quieres ver así. Pero sólo quiero decirte que con la descripción molecular del ADN se pudieron sentar las bases de la biología y genética moleculares. ¡Y estas dos disciplinas tienen todas las aplicaciones que te puedas imaginar!

El "doc" parecía emocionado, por lo que yo sólo seguí escuchando, mientras tomaba apuntes.

—La era moderna de la biología molecular de la célula, centrada en el estudio de cómo los genes gobiernan la actividad celular, empezó en 1953 cuando el bioquímico estadounidense James D. Watson (nacido en 1928) y el físico y bioquímico inglés Francis H. C. Crick (nacido en 1916) propusieron la estructura de la doble hélice del ADN. Sin embargo, para que llegaran a tan valiosa conclusión fue necesario el trabajo previo del bioquímico austriaco Erwin Chargaff (nacido en 1905), que consistió en la separación y medición de las cuatro bases que componen al ADN: timina, citosina, adenina y guanina, en diferentes especies. Chargaff observó que la cantidad de guanina siempre era la misma que la de citosina, y que la cantidad de adenina siempre era igual a la de timina. Por tanto, Watson y Crick dedujeron que existía un apareamiento de bases: adenina con timina y guanina con citosina. Este conocimiento, sumado a los trabajos del físico neozelandés Maurice Wilkins (nacido en 1916) y su colega británica Rosalind Franklin (1920-1958), fue decisivo. Wilkins y Franklin obtuvieron el patrón de las fibras de ADN por medio de difracción de rayos X. Estas imágenes, conseguidas con la refracción de un haz de rayos X a través de los átomos de la molécula de ADN revelaron gran número de detalles sobre su naturaleza: el esparcimiento regular de los átomos forma una helicoidal, que es semejante a la espiral de un cuaderno o una escalera de caracol, el diámetro de la molécula lineal, la distancia entre las bases y el número de bases por cada vuelta de la hélice. Ajustando los datos obtenidos por difracción de rayos X, Watson y Crick construyeron un modelo muy exacto del ADN.

Así se llegó a conocer la maravillosamente simple y autocomplementaria estructura del ADN, y a partir de ella se averiguaron poco a poco sus características y el importante papel que desempeña esta molécula en cualquier tipo de célula. De esta manera se llegó a entender claramente la gran mayoría de conceptos de la genética clásica o mendeliana, ya que se supo que la molécula de ADN presenta una forma ideal para el copiado de sí misma y su transmisión de generación en generación; se vio que es autoduplicable, que puede sufrir cambios conocidos como mutaciones, que no es estática y que tiene una flexibilidad dada por su microambiente.

—Así que la genética completita, es decir, la que integra a la molecular y la clásica para darnos la genética moderna, es totalmente "nuevecita y de paquete", como dicen en los anuncios de los carros.

—Pues ya ves que sí, y que se requirió de mucho trabajo, paciencia y dedicación por parte de muchísima gente para lograr llegar hasta donde estamos. Pero aún falta mucho por conseguir, y de eso se trata un proyecto que a instancias de James Watson está por convertirse en realidad: el Proyecto Genoma Humano, que consiste en dar un mapa exacto de todos y cada uno de los genes existentes en el material hereditario humano. ¿Qué te parece si pagamos y regresamos a mi laboratorio y te enseño cómo realizo mi trabajo, ahora que ya tienes una base para entender muchos términos que te voy a mencionar?

FIGURA I.4. a) *Watson y Crick (izquierda) obtuvieron el premio Nobel de Medicina en 1962 por el descubrimiento de la estructura de la doble hélice del* ADN. b) *Rosalind Franklin (derecha) logró las mejores imágenes por difracción de rayos X del* ADN.

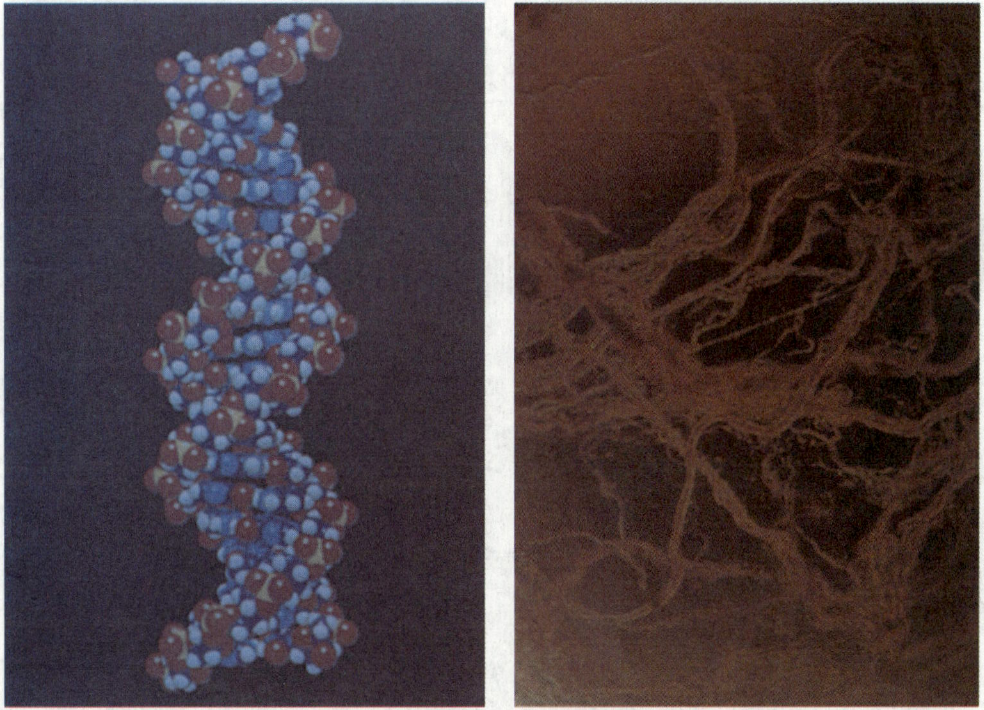

FIGURA I.5. a) *Imagen creada por computadora de la doble hélice del* ADN *(izquierda)*. b) *Material genético visto a través del microscopio electrónico (derecha).*

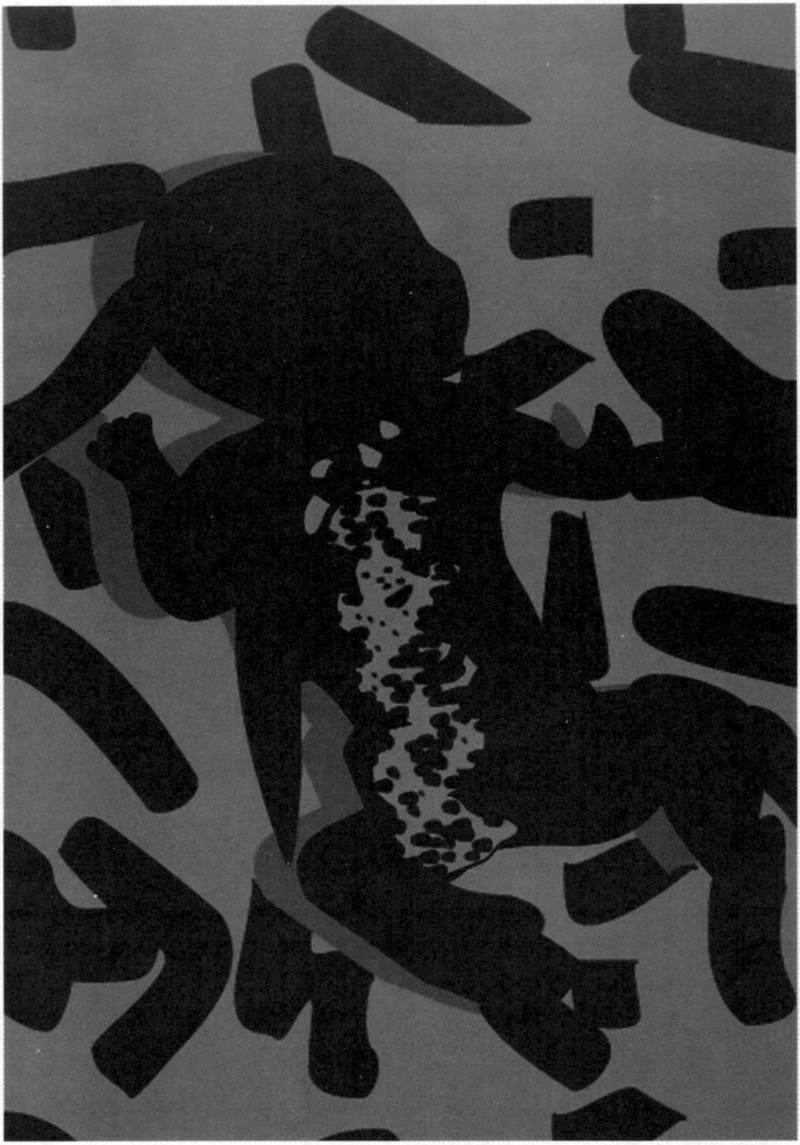

FIGURA I.6. *Los cromosomas de este bebé humano debieron teñirse para que una sonda se hibridara con un par de ellos. Conocer los códigos del* ADN *es un reto para el Proyecto Genoma Humano.*

—Está bien, pero yo invito —dije, esperando no arrepentirme al ver la cuenta.

—¿Cómo crees? A nosotros las comidas no nos las cobran, sólo era una broma.

¡Uf!, ¡eso sí era suerte! Ya con el estómago lleno y con azuquítar en el cerebro, como dice nuestro profesor de biología, regresamos al laboratorio. La verdad es que ahora ya no me sentía en un mundo raro donde todo eran claves, sino que ahora comprendía un poco de la gran importancia de la genética, y sobre todo de sus aplicaciones, que antes me parecían muy pocas y sin mucha importancia.

Entramos al laboratorio y el "doc" de nuevo me empezó a explicar en qué consistía su trabajo.

—En la actualidad pueden aplicarse varias técnicas muy sensibles al aislamiento y caracterización de genes y a la cuantificación de los productos génicos. Un concepto fundamental para estas técnicas radica en que los pares de bases de las dos hebras del ADN son complementarios y forman puentes de hidrógeno entre sí de manera inequívoca. Así pues, la llamada *tecnología de ADN recombinante* ha llegado a ser una de las fuentes que más ha ayudado a las ciencias biomédicas. Bueno, como ya vamos a estar dentro del laboratorio y vamos a pasar a las mesas de trabajo, será mejor que te pongas una bata.

—Está bien, pero, ¿podría decirme más acerca de eso del ADN recombinante y el Proyecto Genoma?

—¡Claro!, todo lo del ADN recombinante empezó con el experimento realizado en 1973 por Stanley Cohen y Herbert Boyer con el que por primera vez demostraron que usando en el laboratorio las técnicas y herramientas de la biología celular y molecular es posible introducir el ADN de una rana en una bacteria. En este caso se usó la bacteria *Escherichia coli*, y con ello se dio inicio a la era del manejo *in vitro* de la información genética, o la "edición" molecular del material genético. Esto dio lugar a lo que hoy se conoce como *ingeniería genética* o tecnología del ADN recombinante.

—¡Caray!, eso quiere decir que sí pueden hacerse monstruos, ¡y peores que las tortugas ninja!

—No, ya te he dicho que eso aún sobrepasa los alcances actuales.

—¿Pues qué no le metieron genes de rana a un bicho?

—Sí, pero el hecho de que se le haya metido ADN extraño a la bacteria no quiere decir que lo que se obtiene es un monstruo mezcla de rana y bacteria... Esto te quedará más claro conforme te explique lo que se realiza en este laboratorio. Pasando al otro punto, a grandes rasgos, el Proyecto Genoma busca conocer cómo están organizados y localizados los genes en los 46 cromosomas que componen el *genoma* humano, que es como se llama a todo el patrimonio hereditario de un organismo. Para ello es necesario conocer su ubicación en lo que se denomina *mapa génico.*

No necesito decir que me quedé materialmente con la boca abierta después de oír todo esto. Por eso al "doc" se le ocurrió que era hora de cambiar de canal y explicarme su trabajo.

—Como ya te había mencionado, lo primero que hago es obtener lo que se conoce como *ADN genómico* de un paciente, preferentemente a partir de los leucocitos de la sangre. Los someto a un tratamiento que elimina progresivamente los restos celulares y las proteínas asociadas al ADN, una vez concluido esto, determino la cantidad y la integridad del ADN obtenido y lo coloco en un recipiente adecuado para su análisis. En seguida busco la sonda de elección para realizar un análisis tipo Southern. Esta técnica de análisis fue diseñada por un científico de apellido

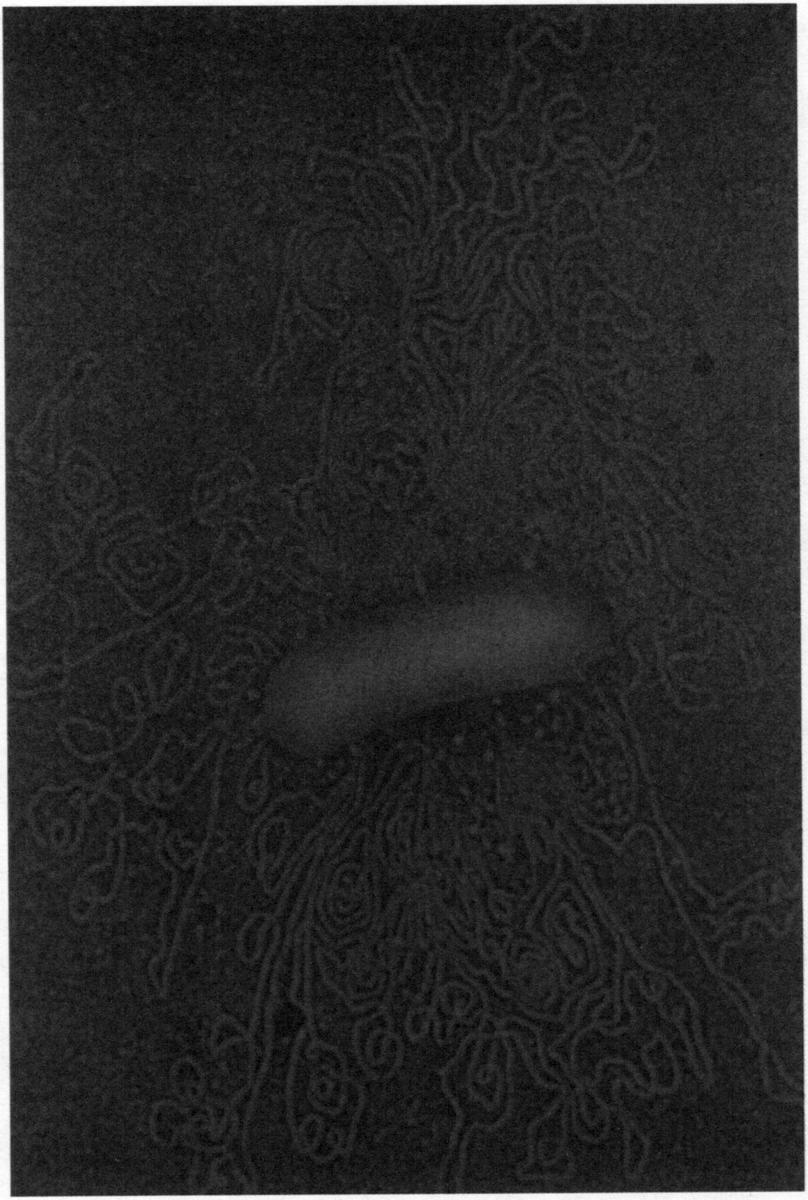

Figura I.7. *Bacteria* Escherichia coli *después de haber liberado su* ADN.

Southern en 1977; emplea dos herramientas que son pilares de la actual tecnología de ADN recombinante: las *enzimas de restricción* y las *sondas* o rastreadores moleculares. Las primeras son proteínas, como ya te mencioné, cuya función es la de cortar la doble cadena del ADN en sitios específicos, conocidos como *sitios de restricción.* Esos cortes generan fragmentos de ADN de diversos tamaños, denominados *fragmentos de restricción.* Existen muchas enzimas de restricción y cada una de ellas reconoce puntos diferentes en el ADN, de modo que con cada enzima se obtienen distintos tamaños y tipos de fragmentos.

—Ahora bien —continuó explicando el "doc"—, las sondas no son otra cosa que fragmentos de ADN cuya estructura y localización cromosómica es conocida. Se obtienen de muy diversas formas, pero en especial las que empleo son sondas sintetizadas químicamente, y son *aleloespecíficas;* en simples palabras, esto quiere decir que son sondas que detectan directamente los *alelos mutados.* Para que una sonda sirva debe señalarse con una marca que sea fácilmente identificable, así las sondas se someten a un proceso de marcaje, por lo general éste consiste en la incorporación de un átomo radiactivo en alguna de las cuatro bases del ADN.

—De manera general —siguió—, el procedimiento para las técnicas de transferencia como la de Southern es el siguiente: el ADN aislado de una línea celular o un tejido es "digerido" o tratado con una o más enzimas de restricción. Esta mezcla se coloca con una pipeta en un "pozo" o carril de un gel de agarosa o poliacrilamida, que no es otra cosa que una especie de gelatina como la que tú comes, sólo que sintética y no comestible. Se expone a una corriente eléctrica directa para realizar lo que denominamos una *electroforesis* en gel. El ADN, por tener carga negativa, migrará hacia el electrodo positivo. Así, los fragmentos de ADN de distintos tamaños se separan en el gel formando bandas que pueden identificarse. Después de un tiempo adecuado, se expone el ADN a un álcali diluido para que se separen las dos cadenas que forman la doble hélice y se transfiere a un papel de nitrocelulosa, en una réplica exacta del patrón de bandas de ADN del gel. El ADN se fija al papel por medio de calor y entonces se expone a la sonda de ADN marcado radiactivamente, éste forma "híbridos" al aparearse sobre el papel filtro con los fragmentos del ADN del paciente a los que sea complementario. Después se realiza un lavado meticuloso y el papel se expone a una película fotográfica, la cual se revela debido a la radiación de la sonda de ADN para mostrar diversas bandas específicas que corresponden al fragmento de ADN que reconoció las secuencias existentes en la sonda.

—¡Creo que fue demasiado para digerir todo esto de un solo golpe! —dije, sintiendo que la cabeza me daba vueltas.

—No te preocupes, en los apuntes que te di vienen algunos esquemas, hay algunos que te harán entender más fácil todos estos conceptos. Y si de plano te interesa mucho comprender estas técnicas puedes consultar algunos libros en la biblioteca. Lo que más me interesa ahora es que te des cuenta de que en la actualidad es posible localizar los genes en los cromosomas; aislar un gen del ADN; clonarlo —o lo que es lo mismo, hacer copias idénticas de él—; identificar toda su secuencia de bases, y conocer la estructura y la función de su producto proteico. Estas nuevas técnicas están aportando conocimientos invaluables acerca de la función normal de los genes, los tipos de mutaciones que pueden sufrir, las consecuentes anormalidades del producto génico y, por lo tanto, el origen de muchas enfermedades hereditarias.

—Las técnicas de la biología molecular del ADN se comenzaron a aplicar en 1976 al diagnóstico humano —con-

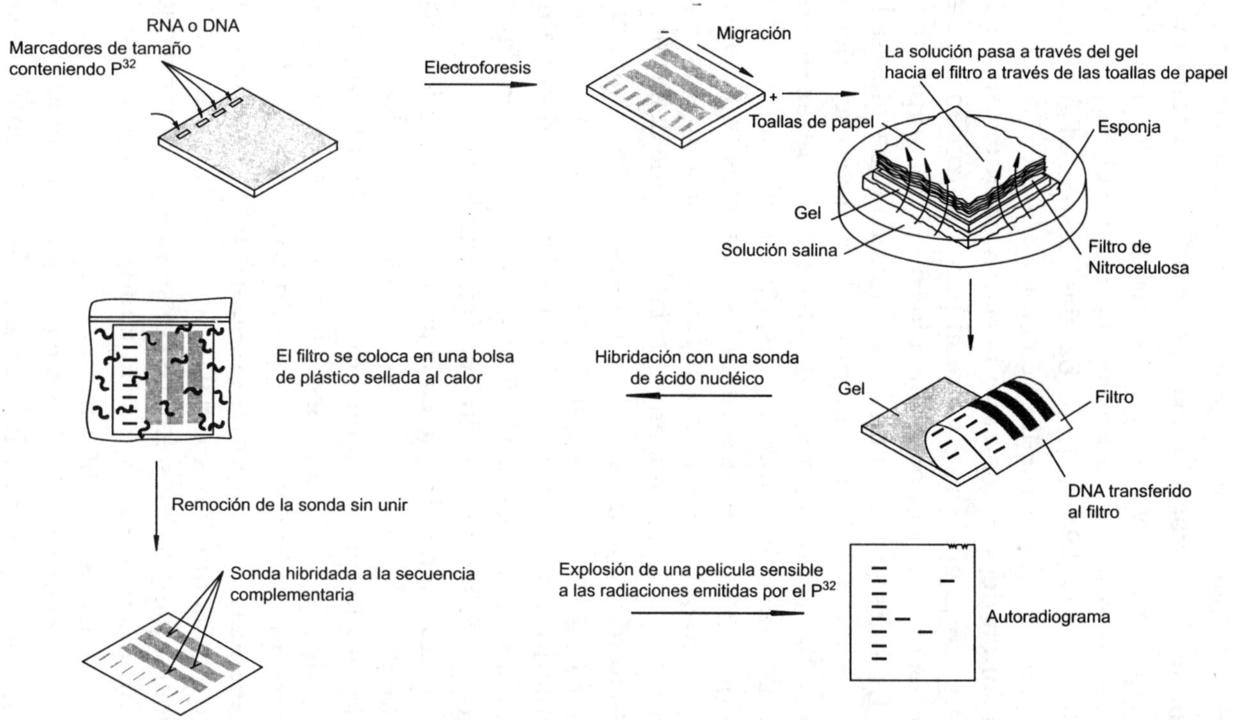

FIGURA I.8. *La técnica de hibridación Southern.*

tinuó—, y sobre todo al diagnóstico prenatal de ciertos trastornos de un solo gen. Las pruebas basadas en el ADN se aplicaron en la práctica al diagnóstico prenatal a partir de 1978. De esta manera se abren nuevos caminos para el tratamiento y la prevención de las enfermedades hereditarias, y ha nacido lo que podría llamarse la *nueva genética humana,* que combina los conocimientos de la genética clásica con las técnicas de la biología molecular.

—Bueno, todo esto que me ha explicado es en resumen la genética moderna que hace que sea posible su aplicación en áreas tan diversas. Sin embargo, hay todavía varias cosas que me intrigan y que no he entendido totalmente.

—¿Como qué?, ¿cuáles cosas aún no te quedan claras?

—¡Pues creo que ya me revolví con eso de que el ADN es capaz de transmitirse de padres a hijos y después que es posible pegar ADN de un organismo a otro diferente! Aunque ya me ha dicho que no es posible crear monstruos. El otro punto que no me queda claro es: ¿cómo se transforma la información genética en una proteína?, y, por otra parte, ¿cómo es posible que los genes sepan cuándo y cómo actuar para dar las características que cada uno de ellos lleva? Porque no todos los genes actúan todo el tiempo, ¿no?

—Bueno, las respuestas generales a las preguntas que me acabas de formular se lograron concretar en los veinte años posteriores a que Watson y Crick hicieran su contribución. Para 1973 ya se tenía claro que el ADN, gracias a su estructura de doble hélice, era capaz de dar lugar mediante el fenómeno llamado *replicación,* propuesto también por Watson y Crick, a dos dobles hélices idénticas a partir de una original. Cada una de las cadenas simples de la doble hélice original sirve de molde para una nueva cadena complementaria, y se generan así dos dobles hélices idénticas. Una de ellas se transfiere a la siguiente generación

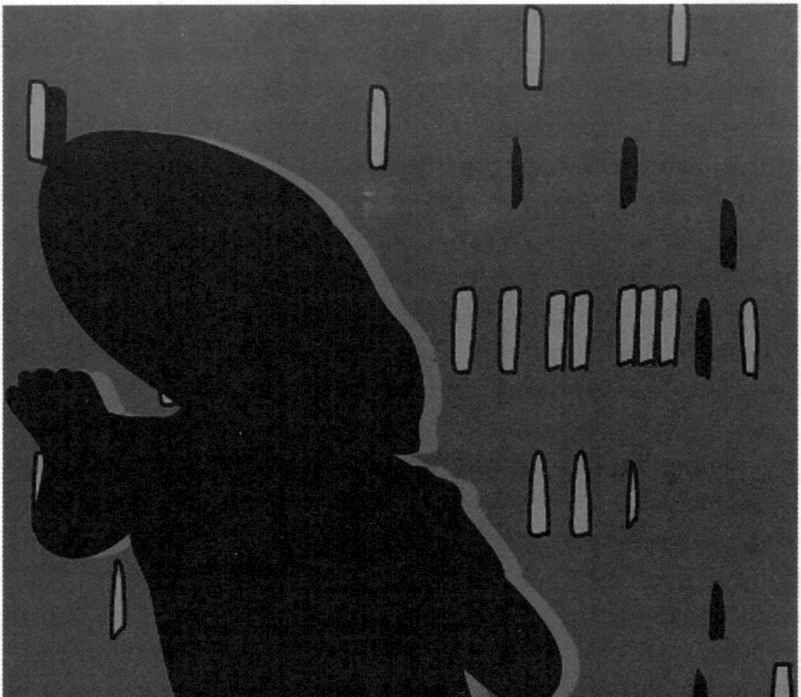

FIGURA I.9. *La ciencia ha establecido el lazo de unión entre las enfermedades y la herencia. Nuevas pruebas, medicamentos y tratamientos prometen revolucionar la medicina del siglo* XXI.

y la otra permanece en el organismo original. Asimismo, gracias al trabajo de bioquímicos como el inglés Crick, el estadounidense Marshall Niremberg (nacido en 1927) o el español Severo Ochoa (1905-1994), entre muchos otros, fue posible describir los mecanismos celulares que intervienen en la transformación de la información genética en proteínas mediante la propuesta y comprobación de lo que hoy en día se llama mecanismos de *transcripción* del ADN a ARN y la *traducción* de éste a una proteína, gracias a la fina y muy eficiente maquinaria celular.

—¿Y ese otro, el ARN, quién es?

—Pues es el ácido ribonucleico, que difiere del ADN porque es una cadena sencilla, además en ella cambia una de sus bases, la timina, por otra conocida como uracilo. Este tipo de molécula sirve, en pocas palabras, como un sistema de "fotocopiado" del ADN. Para lograr esta fotocopia es necesario que una enzima abra las dos cadenas del ADN y otra más haga una copia del mensaje, pero hecha de ARN. Esta copia sale del núcleo hacia el citoplasma, por lo cual los bioquímicos franceses François Jacob (nacido en 1920) y Jacques Monod (1910-1976) lo llamaron "ARN mensajero". Hasta aquí todo parece ya claro: el ADN es el "escrito original", el cual es transcrito, o sea copiado fielmente, a ARN. Éste a su vez se traduce gracias a un complejo citoplásmico —llamado ribosoma— donde intervienen otros tipos de ARN y enzimas para darnos finalmente una proteína.

—Bueno, pero ¿cómo sabe el ARN lo que tiene "escrito" el ADN?

—Ésa es la mejor pregunta que me has hecho. Se la plantearon también los pioneros de la biología molecular a mediados de los años cincuenta. ¿Qué relación hay entre las "palabras" escritas en las cuatro bases del ADN y las "palabras" escritas en las proteínas? Dicho en otra forma, se sabía ya, gracias a los bioquímicos, que para formar una proteína era posible combinar veinte aminoácidos diferentes. Así que, ¿cómo le hace la célula para pasar de cuatro letras, que son las bases de los ácidos nucleicos, a veinte letras, que son los aminoácidos de las proteínas? El primero en dar una respuesta a semejante problemota fue el físico ruso George Gamow (1904-1968); él propuso que la información contenida en el ARN se debía leer en "tripletes", o sea de tres en tres bases. Matemáticamente esto era probable, y permitía usar perfectamente bien los veinte aminoácidos y hasta sobrarían tripletes. Sólo faltaba confirmar experimentalmente dicha observación, lo que realizó Niremberg en 1961. De esta manera se llegó a conocer la "clave" de letras que emplea la célula, y que se conoce como *código genético.* Y si me adivinas en qué organismo se estudió todo esto junto con la regulación de los genes, te ayudo a terminar tu trabajo.

—¡Ah!, eso es fácil, ¡en las bacterias!

—Así fue, *¡Escherichia coli* ataca de nuevo! De esta manera se llegó a lo que se denominó "dogma central de la biología molecular": la información genética puede pasar del ADN al ADN, cuando se replica; al ARN, cuando se transcribe, y del ARN a las proteínas, cuando se traduce. Suena muy bonito, ¿verdad? Pues bien, como su nombre lo indica, esto se convirtió en un dogma de fe donde la unidireccionalidad de la información era la regla a seguir. Hasta que en 1970 apareció una enzima escandalosa, que dio un terrible golpe a este dogma por una sencilla razón: ¡era capaz de pasar información del ARN al ADN! O dicho de otra manera: podía fabricar ADN siguiendo las instrucciones del ARN. Es como si obtuvieras un original a partir de una fotocopia. Así que para dicha enzima el mundo resultó ser al revés. Esta *transcriptasa inversa* se convirtió en la maravilla enmascarada, porque gracias a ella se corrigió el dogma central y se comprobó que aún quedan muchos secretos que arrancarle a la madre naturaleza.

—¡Un momento!, a esa enzima sí la he oído mencionar mucho, ahora que está el problema del SIDA.

—¡Exacto!, es en los retrovirus, como el virus del SIDA, donde se descubrió por primera vez. Esta enzima es la responsable de que los retrovirus puedan integrar sus genes en los de un ser humano. Como ves, éste es un caso en el cual un microorganismo muy diferente al hombre es capaz de integrar su información genética con la de éste, sin que por ello resulte un monstruo, como tú pensabas. Pero, en cambio, sí le causa una de las enfermedades más graves hasta ahora conocidas: el síndrome de inmunodeficiencia adquirida.

—Como quien dice, estos bichos son capaces de hacer ingeniería genética con mucha facilidad, ¿no es así?

—Así es, por desgracia. Me da gusto que hayas comprendido que la biotecnología, antes de ser empleada por el ser humano en su beneficio, fue usada por la naturaleza. Y como muestra están las bacterias y los virus. Para nosotros la biotecnología no es otra cosa más que técnicas de "corte y confección" de genes llevadas a nivel industrial para obtener diversos productos biológicos útiles y necesarios, como por ejemplo insulina, interferón, factores de coagulación y hasta vacunas como la de la hepatitis B. Como te darás cuenta, esta área de la genética tiene muchas aplicaciones, ¡y ya no es en películas de ficción, sino en la realidad!

Con cada avance que el "doc" me platicaba, yo sentía algo raro dentro de mí, algo como un imán que me atraía pero que no podía yo explicar. Conté rápido las hojas que llevaba apuntadas, era más de una docena, y por los dos lados. ¡Jamás pensé escribir tanto en tan poco tiempo, y mucho menos por puro gusto! Sí, dije bien: *por gusto,*

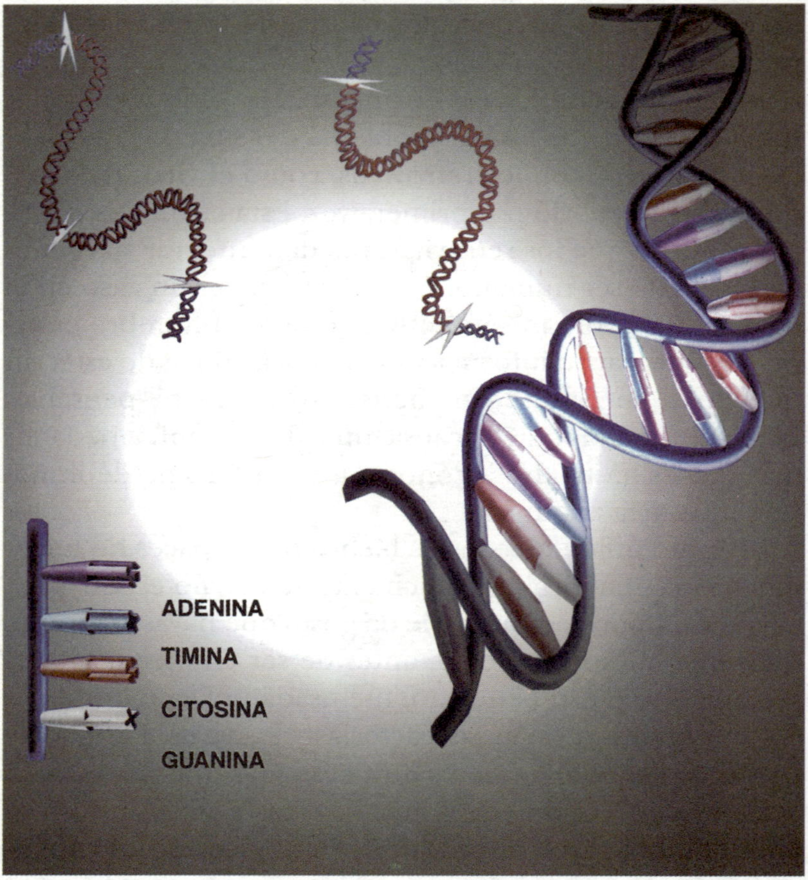

FIGURA I.10. *Los biólogos moleculares utilizan enzimas de restricción (simbolizadas con las flechas) para cortar un determinado gen.*

ya que aquello que empezó como un trabajo se estaba transformando en un gusto por algo fascinante que mezcla los conocimientos antiguos con los nuevos, y que siempre está cambiando y evoluciona constantemente: la ciencia. Todo había sido muy interesante, pero me surgió una duda más:

—Toda la historia que me ha contado está dada alrededor del mundo, pero ¿en México hay mucha gente que se dedique a esto, aparte de usted?

—¡Claro!, hay muchísima gente que ha aportado su granito a la ciencia con su trabajo. Tan sólo por mencionarte algunos nombres y lugares, te diré que en México hay muchos centros de investigación donde se trabajan las diversas áreas de la genética, la biotecnología y la biología molecular. Para empezar está la Facultad de Química, así como el Instituto de Fisiología Celular, el de Investigaciones Biomédicas y el Instituto de Biotecnología en Cuernavaca, Morelos, todos de la UNAM. También el CINVESTAV del Instituto Politécnico Nacional; la Escuela Nacional de Ciencias Biológicas, también del Politécnico; el Instituto Nacional de la Nutrición; el Hospital General, y el Instituto Nacional de Pediatría, entre muchos otros. En cuanto a las personas relacionadas con las áreas de aplicación te puedo mencionar al doctor Francisco Bolívar Zapata, que por cierto es uno de los primeros mexicanos en hacer ingeniería genética y un impulsor de la biotecnología. ¡Y por si fuera poco fue de los fundadores de la primera empresa de biotecnología moderna: Genentech, Inc.!

—¡Pues ése no fue un granito, precisamente!

—Otros investigadores mexicanos que han hecho grandes aportaciones son por ejemplo el doctor Luis Herrera Estrella, quien entre otras cosas trabajó con la planta del tabaco y le confirió resistencia a un virus que la afectaba y que causaba grandes pérdidas en su cultivo y posterior comercialización. Él ahora trabaja en el CINVESTAV de Irapuato. También está el doctor Gabriel Guarneros, que se dedica a trabajar con virus capaces de infectar bacterias para con ello poder describir las diferentes vías de expresión y regulación de los genes. Él también se encuentra en el CINVESTAV, pero en Zacatenco, aquí en el Distrito Federal.

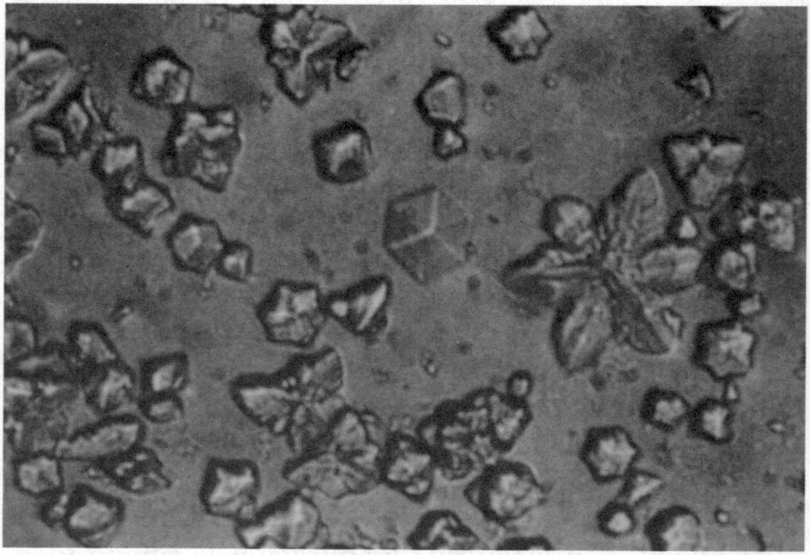

FIGURA I.11. *Cristales de insulina humana producidos mediante ingeniería genética en el Instituto de Biotecnología de la* UNAM, *para la conferencia del doctor Francisco Bolívar "La genética moderna: horizontes", 1995.*

—Oiga, ¿y hay otros más que hagan diagnóstico o estén involucrados en el área de la salud?

—¡Claro!, están, por ejemplo, el doctor Fabio Salamanca, uno de los más grandes citogenetistas en el ámbito internacional; él trabaja en el Hospital de Pediatría del Centro Médico Nacional Siglo XXI. También las doctoras Susana Kofman y Alessandra Carnevale, que trabajan en el Hospital General de México y el Instituto Nacional de Pediatría, respectivamente, y en fin, muchos investigadores que nos llevaría toda la tarde y noche enumerar. ¡Y eso sin entrar en detalles acerca de sus trabajos y aportaciones!

Yo seguía apuntando como loco en la libreta. Hasta que finalmente vi el reloj de pared que había en el laboratorio: ¡eran las ocho y media de la noche! El tiempo se me había ido volando. Le agradecí infinitamente al doctor toda la ayuda que me había dado, además de pedirle prestada su carpeta un par de días más.

—¡Muchísimas gracias, doctor, me ha salvado la vida!

Salí rápidamente de la facultad y me trasladé hacia el metro. A esas horas es muy difícil andar en "micro". Todo el camino de regreso a casa seguía yo con esa extraña sensación dentro de mí.

Pasaron un par de días, en los cuales terminé de armar este trabajo, y cuando le regresé su carpeta al "doc" decidí enseñárselo. Le pedí que me diera una hoja firmada por él para presentarla junto con el trabajo, de esta forma confirmaría que había recurrido a su valiosa ayuda, tal como lo requería el profesor de biología, ¡no lo puedo creer! era la primera vez que le daba su título al "profe" y no le decía su apodo. ¡Cómo cambia la gente!, ¿verdad?

Al entregar el trabajo el día esperado, estaba yo a punto de salir del salón junto con Paty cuando el profesor me llamó. Con más miedo que otra cosa me acerqué. Aquella cara estaba sonrojada y con una sonrisa de oreja a oreja, razón por la cual mi susto fue mayor.

—¿Qué significa esto en su firma?, no es la misma que pone en todos sus trabajos.

Con gran angustia e inquietud tomé mi trabajo. Revisé la portada y al llegar a mi firma encontré que, además de mi nombre, escrito en letra manuscrita, estaba dibujada una doble hélice, ante lo cual sólo respondí con una gran sonrisa:

—¡Usted lo debe saber mejor que yo!

Alberts, Bruce, Dennis Bray, J. Lewis, Martin Raff, K. Roberts y James D. Watson, *Molecular Biology of the Cell*, Garland, Nueva York, 1989.

Barrera, S. H., M. A. Rojas, P. J. Rivera y G. M. González, "Diagnóstico molecular de enfermedades hereditarias", en *Gaceta Médica de México*, núm. 128, pp. 613-621, 1992.

Bolívar Zapata, Francisco, "La genética moderna: horizontes", en *Universidad de México*, núm. 551, pp. 7-12, 1996.

Bousquet, C., *La genética*, RBA, Barcelona, 1994.

Carnevale, A., "El desarrollo de la biotecnología en la genética", en *Gaceta Médica de México*, núm. 131, pp. 437-441, 1995.

Darnell, J., H. Lodish y D. Baltimore, *Molecular Cell Biology*, Freeman, Nueva York, 1988.

Gonick, Larry., y Mark Wheelis, *Vida y reproducción*, Harla, México, 1983.

Rose, S. *et al.*, *Historia y relaciones sociales de la genética*, Fontalba, Barcelona, 1983.

Salamanca, G. F., "Fronteras actuales de la genética humana", en *Gaceta Médica de México*, núm. 128, pp. 647-661, 1992.

Watson, James D., H. Hopkins y J. W. Roberts, *Molecular Biology of the Gene*, cuarta edición, Benjamin Cummings, Nueva York, 1987.

II. Sueño microbiano

Agustín López-Munguía Canales

CERRÓ EL LIBRO, dejando atrapado su dedo índice en la hoja en que terminaba el cuento. Estiró el brazo y lo dejó descansar en la cama junto a sus piernas, con lo que quedó casi acostado boca arriba. Sólo entonces soltó en un gran suspiro la respiración contenida y exclamó en voz alta:

—¡Qué grueso!

Nuevamente volvió a experimentar esa extraña sensación estomacal. Aunque generalmente trataba de atraer el sueño con lecturas ligeras, la carga actual de trabajo en la escuela lo había obligado a aprovechar aun esos momentos para ciertas tareas y últimos repasos. Sin embargo, la combinación de Gabriel García Márquez con la microbiología no parecía haber sido muy afortunada para conciliar el sueño. Había casi concluido su preparación para el examen de biología, pero cansado de la lectura de tantos nombres de bacterias y hongos, y de historias y disputas entre tantos hombres de ciencia, había optado por terminar el día con la lectura de aquel cuento escrito por el premio Nobel colombiano.

Cerró los ojos —aún sin experimentar las primeras señales del sueño— e hizo un resumen de los elementos más importantes del cuento recién terminado de leer, como ensayando la presentación que al día siguiente debería hacer en clase de literatura. Al pensar en María, el personaje central, nuevamente tomó conciencia de las mariposas en su estómago. Bien podría haberse tratado de él, siempre pidiendo aventones y durmiendo en cualquier tiempo y lugar, con la sola condición de encontrar una postura relativamente estable para la cabeza. El auto de María había sufrido un desperfecto en la carretera y la había auxiliado el chofer de un autobús, que ofreció llevarla hasta el teléfono más cercano. Sólo que se quedó dormida y el autobús llegó hasta su destino final: un manicomio. Después, el cuento se desarrollaba entre la angustiante repetición de María: "Sólo vine a hablar por teléfono", y diversas circunstancias que la hacían parecer como trastornada ante los responsables del lugar. Llegó a ser conocida como "la loca del teléfono". Ser encerrado por error en un manicomio era sin duda peor que estar injustamente en la cárcel, y una situación como la de María podría resultar enloquecedora.

Sin embargo algo le molestaba del cuento. "Debe haber una y mil formas para que esta señora pudiera demostrar que no estaba loca; de explicar y demostrar su situación", pensó. "Pero claro, así es el cuento y sin duda logra su efecto al hacer sentir angustia y desesperación", continuó reflexionando, y experimentó físicamente la seguridad que le generaba su análisis.

De pronto vino a su mente la situación que sin duda vivieron los primeros hombres de ciencia que se atrevieron a ir en contra de lo que el sentido común aseguraba. La mayoría fueron tratados de locos, cuando no perseguidos por los "dueños de la verdad". Varios ejemplos vinieron a su mente. "¿Cómo se le ocurrió al astrónomo y físico italiano Galileo (1564-1642) que el reposo no es el estado natural de las cosas?", se preguntó. Imaginar que un cuerpo aislado permanecerá en movimiento perpetuamente; o eso de que dos cuerpos caen al mismo tiempo de cualquier altura, independientemente de su masa... en verdad esto requería de un genio con capacidad de ir más allá de la intuición ordinaria. Además, en una época en la que no existía ningún reloj sobre la Tierra, él logró medir pequeños intervalos de tiempo. Tres décadas después de su muerte, su descubrimiento de las propiedades de movimiento del péndulo se aprovecharía para disminuir el error en la medición del tiempo, que era de quince minutos, a tan sólo diez segundos por día. ¡Y pensar que ahora se ganan carreras con ventajas de sólo fracciones de segundo!

Imaginó a Galileo asomado en la torre de Pisa, demostrando a una muchedumbre burlona que todos los cuerpos caen con igual velocidad.

"Claro, se dijo, la gran diferencia con María, 'la loca del teléfono', es que Galileo pudo demostrar sus afirmaciones con mediciones y observaciones precisas". Lo imaginó sonriendo burlonamente al Papa Urbano VIII, quien de buena gana lo hubiera encerrado en un manicomio.

Se relajó, entreabrió los ojos y se sintió en el centro del universo. Respiró e imaginó aquel mundo anterior a Galileo, en el que la Tierra era el centro de todo. ¡Qué difícil deshacerse de esa intuición ordinaria! ¿Cuántas cualidades y características necesita un ser humano para llegar a convertirse en un científico? ¿Cuántos héroes anónimos tendrá la ciencia? Parecía increíble que muchos rehusaran mirar por el telescopio que construyó Galileo para comprobar sus afirmaciones; ¡no fueran a ver algo diferente a lo que siempre habían dado por cierto!

"Pero ¿qué hay de raro en eso?", pensó. "Aun en nuestros días existe una tendencia creciente a la superstición y la superchería, a pesar de los avances en el conocimiento de lo que nos rodea. Pobre Galileo, ¡hasta sus propios colegas lo habían hostilizado! La tolerancia es una virtud que siempre ha sido difícil de cultivar."

Volvió a sentir la sensación extraña en el estómago al pensar que era por eso que María no lograba convencer a sus loqueros. Ellos ya tenían una idea definitiva de su situación mental.

—Y sin embargo se mueve —comentó en voz alta, alejando con ello el pensamiento y la sensación de los incomprendidos, al mismo tiempo que cerraba nuevamente los ojos y movía ligeramente la cama con vibraciones de su cuerpo. Otra vez imaginó a Galileo enfermo y casi ciego escribiendo la famosa retractación, obligado por la Iglesia ya cerca de su muerte, en 1642, y acosado por todos los que no querían que la Tierra se moviese. "*Eppur si muove*", dice la tradición que murmuró al final del proceso. Vino a su mente de nuevo la imagen de María, resignada y con el ánimo derrotado, afirmando: "y sin embargo, sólo vine a hablar por teléfono".

El cuerpo de Galileo aún no se descomponía cuando nació Newton. "Ese tren ya no lo paraba nadie", se dijo, con una sonrisa dibujada en el rostro. Si a Galileo lo perseguían en Italia y a Nicolás Copérnico (1473-1543) en Polonia, pues habría que mudarse a Inglaterra. Isaac Newton, el gran físico inglés (1642-1727) vendría a concretar, en su primera ley del movimiento, los planteamientos de Galileo. ¡Qué tiempos aquellos en los que el mismo Newton, junto con el físico y químico inglés Robert Boyle (1627-1691), tuvo que organizar sociedades secretas al inicio de su vida académica, como la del *Invisible College*, para evitar ser perseguido por conspiración y herejía. Pero en el siglo XVIII ya las cosas no seguirían igual: científicos y filósofos iniciaban una revolución. A través de la razón, se pensaba, el hombre llegaría a comprender su mundo y a sí mismo. Galileo había contribuido de manera fundamental a desarrollar una nueva manera de hacer ciencia.[1] Fue la clave para que los fantasmas se empezaran a desvanecer: el químico francés Antoine Laurent Lavoisier (1743-1794),

[1] Si quieres saber más acerca de la revolución científica que se presentó en el siglo XVII, puedes leer "El vapor sobre el espejo", de Vicente Talanquer Artigas, en *Estampas de la ciencia*, vol. 2.

contemporáneo de Newton, libró una batalla para acabar con la teoría del flogisto. "¡Ah! y aquello de la generación espontánea", recordó Pablo, y abrió los ojos, buscando con la mirada el libro de biología que había quedado al pie de la cama. Aún debía revisar algunos temas.

—¡Ya apaga esa luz, Pablo! —oyó la voz de su madre, que venía del corredor—. ¿Te lavaste bien los dientes?

—Ca… ramba —murmuró. Aventando cobijas y el libro de cuentos, se levantó y se dirigió al baño. Intentó entrar pero la puerta estaba bloqueada por el cuerpo de su hermana, que se lavaba los dientes. Empujó con mayor fuerza y al desplazarla se colocó frente al lavabo para iniciar su propio aseo dental.

—Lo siento, pero aún tengo que estudiar microbiología —dijo, como excusa a su violencia y arrepentido al ver que su hermana tenía que sujetarse a la pared para no caer—. Llevo días estudiando para el examen, y aún no me siento seguro. El profesor de biología que nos tocó este año es muy exigente, y piensa no sólo que el estudio de los microorganismos es lo más importante que hay en la biología, sino que además toda la ciencia y el mismísimo universo giran a su alrededor.

—¡Cerebro de foca! —explotó Elisa.

—Gracias, hermana —respondió Pablo—. Recuerdo bien el cerebro de mi tocayo el cirujano francés Paul Broca (1824-1880); el astrónomo y divulgador de la ciencia Carl Sagan (1934-1997) le dedicó un libro. Y a propósito de víctimas, Broca fundó en 1848 en Francia un club de librepensadores, y más tarde fue uno de los pocos científicos franceses que apoyaban las tesis de Darwin. "En 1848 el químico francés Louis Pasteur (1822-1895) apenas se iniciaba en la ciencia trabajando con cristales de tartrato", recordó para sí mismo.

FIGURA II.1. *Louis Pasteur.*

—¡Dije de fo-ca, fo-ca, no de Broca! —respondió Elisa, marcando las sílabas. Estaba molesta, y cuando Pablo iniciaba el cepillado de dientes le preguntó:

—Hablando de microbiología, ¿sabes quién fue Leeuwenhoek, Anton van Leeuwenhoek?

FIGURA II.2. *Anton van Leeuwenhoek.*

—Necesitarías escribírmelo —contestó Pablo—, pues con esa pronunciación no tengo la menor idea de a quién te refieras.

—Se trata de un personaje que se asomó al mundo de los microbios por primera vez; el mundo de las más pequeñas formas de vida conocidas en el planeta —contestó ella—. A través del desarrollo de lentes minúsculos de simetría perfecta logró construir un microscopio, y un buen día observó bichitos en el agua de lluvia.

Pablo recordó de quién se trataba, pero no quiso comentar nada. Su hermana le aventajaba en conocimientos, pues estudiaba la carrera de biología. Por eso sólo cuestionó:

—¿A qué viene tu pregunta?

—Pues a que viéndote los dientes recordé que muchas de sus observaciones las hizo tomando muestras del sarro que se acumulaba en su dentadura y en la de otra gente. Contigo y con tu olorcito —continuó—, hubiera podido intuir que había animalitos de tamaño microscópico que podían habitar en la boca.

—¡Ahhh, te refieres a "Levenjok"! —dijo, dando la impresión de seguridad y pronunciando en "traducción libre" el nombre de quien tenía identificado como otro de los pioneros de la ciencia. Prefirió ignorar la referencia de su hermana al estado de sus dientes.

Este genio sería sin duda otro de los que en su época tacharían de loco. ¡Imaginar un mundo poblado de seres microscópicos! Vaya idea para contribuir a los escándalos del siglo XVII, preámbulo del Siglo de las Luces, pensó Pablo, recordando sus lecturas y reflexiones recientes, mientras observaba en el espejo la espuma de la pasta de dientes escurrirle por la boca. Cuando Van Leeuwenhoek comenzó a escribir lo que hoy se llamaría un artículo científico, por allá en 1677, sor Juana Inés de la Cruz escribía poemas de amor en un convento del México colonial, mientras que en Inglaterra ya un grupo de hombres de ciencia había dejado de esconderse para formar una asociación de científicos: la Real Sociedad. Fue así como Newton, al leer sobre el mundo descrito por Leeuwenhoek, ni lo negó ni lo asumió como dogma de fe, sino que hizo lo que hoy es común en la ciencia: verificar que lo que escribía Leeuwenhoek fuera cierto; que era reproducible. Para esto comisionó al físico inglés Robert Hooke (1635-1703) para que construyera un microscopio y así pudiera repetir las experiencias de Van Leeuwenhoek.

Pablo vivió nuevamente la experiencia de ver por primera vez a las bacterias en el laboratorio. Sintió la emoción de adentrarse en otro mundo, en sus misterios, e imaginó a quien lo hizo por primera vez en la historia, "¡difícil de creer!", pensó. Cualquiera necesitaría verlo. Se le ocurrió que podría hacer una película titulada "El loco del microscopio". Versaría sobre alguien ubicado en el siglo XVII, convencido de que existe otro mundo, otro reino, que convive con el de los seres humanos: el de los microorganismos. Pero a diferencia de la María de García Márquez, el personaje sería liberado al mostrar a todos sus detractores que el mundo estaba poblado no sólo por lo que se percibe con el ojo, sino también por seres microscópicos, algo así como un millón de veces más pequeños que el hombre. Habría algunos elementos graciosos que ayudarían a complicar la historia, tomados de la vida de Leeuwenhoek, como el que se empeñara en buscarle la boca y los órganos a los microbios, o que se dedicara también a buscarle a la pimienta las espinas que, según él, eran responsables de que picara en la boca. "Si así fuera, pensó, ¿cuántas espinas no tendría el chile habanero?"

Sintió de pronto perder el equilibrio cuando Elisa, aprovechando su distracción, de un certero caderazo lo desplazó del lavabo. Como con eso quedaban a mano, le dio una cariñosa nalgada y se dirigió a la cama, con un "¡hasta mañana!" dirigido a toda la familia.

Vaya que si había estudiado esa semana. Se sentía tranquilo, pues había leído casi todo el material que el maestro de biología les había pedido. "¡Y más!", pensó satisfecho. Esos libros que su hermana le había prestado, de las colecciones La Ciencia para Todos, Viajeros del Conocimiento y Viaje al Centro de la Ciencia lo tenían al día.

Se acostó y poco a poco el sueño lo fue dominando.

Con el rabillo del ojo derecho alcanzó a apreciar a Louis Pasteur, quien sereno lo miraba desde la portada del libro de biología que seguía en el suelo. Pasteur, por quien profesaba profunda admiración, parecía querer decirle:

—Tú y yo tenemos aún varios pendientes.

Sólo alcanzó a susurrar:

—¡Hasta mañana!

Volvió a abrir los ojos ante la intensa mirada: sintió a la mujer de aspecto militar pero de maneras dulces.

—Hemos llegado —le dijeron.

Perplejo, apenas pudo recordar que, camino a casa de un amigo donde lo esperaban para estudiar microbiología, el coche se había descompuesto y un autobús lo había auxiliado cuando pedía aventón. Descendió los escalones del autobús y supo de pronto dónde estaba. Pudo diferenciar entre ese mar de gente, sin saber cómo, a enfermeras y pacientes que se formaban en línea al bajar del autobús y que como él, estaban ahí por alguna razón. O, para decirlo mejor, por falta de ella.

—Sólo vine a estudiar microbiología; mañana es el examen —afirmó nerviosamente, y enfiló hacia la entrada. Pero no había dado un paso cuando una guardiana le marcó el alto. No tuvo entonces más remedio que entrar en la fila con los demás, al mismo tiempo que sentía unas palmadas en la espalda mientras lo consolaban:

—Por aquí, guapo; por aquí es donde puedes estudiar esas cosas.

Una chica, a quien sabía que llamaban Herculina, lo condujo a un gran salón, que le pareció más una corte de justicia que una sala de descanso. La puerta tenía un letrero: "Salón de Microbiología (siglos XVIII-XX)", y al entrar, inmediatamente lo alcanzó el murmullo de voces en varios idiomas.

FIGURA II.3. *Postal conmemorativa de Louis Pasteur.*

Extrañamente, algunos de los presentes vestían ropas modernas, mientras que otros parecían salir del siglo pasado; unos con aire de suma seriedad, otros sonriendo burlonamente. Había objetos antiguos y modernos; olía a viejo y a nuevo. Distinguía con claridad a gente de mediana y avanzada edad, hombres y mujeres que formaban grupos por todos lados del salón, aunque la mayoría permanecía sentada ante dos grandes mesas. Estaban cubiertas de libros y material de laboratorio. Había discusiones acaloradas sobre temas que le eran conocidos. Experimentaba una extraña sensación de que en ese salón no corría el tiempo, y a la vez...

Después de un rato de observar la escena, Herculina lo acercó a un gran escritorio ubicado a mediana altura, desde donde un hombre contemplaba todo el gran salón. Era un anciano monumental, con una sonrisa sedante que le devolvió la tranquilidad. Imaginó que era el director del sanatorio, pues todos se referían a él como "el Doc", pero en vez de su nombre, la tablilla en su escritorio lo presentaba como "Doctorado en controversias". El hombre se aclaró la garganta con una especie de ronquido, para llamar la atención de los presentes. Una vez que todo mundo hubo guardado silencio, vio que los asistentes se dividían en dos grandes mesas: una redonda y otra cuadrada.

De la mesa cuadrada se acercó al Doc un hombre que, molesto, daba grandes alaridos, al mismo tiempo que le señalaba con el dedo:

—Este joven es de los que plantean que los microorganismos son cosas maravillosas, de mayor importancia que moscos o pulgas. ¡Alega que son responsables de mil y un fenómenos, incluidas las enfermedades infecciosas, la transformación y descomposición de alimentos, y otras tantas fantasías!

El hombre era blanco, con barba, hablaba con fuerte acento francés y llevaba inscrito en el bolsillo de su impecable bata blanca: "profesor Felix Pouchet" (1800-1872).

—¡Es inaudito que se cuestione el principio fundamental que rige la vida en el planeta Tierra!, ¿cómo negar la existencia de la fuerza vegetativa o vital, que permite que haya vida donde antes no?, ¿acaso Dios no hizo lo mismo con el hombre? —continuó—. Este joven debe ser encerrado hasta que recupere la razón. No debe haber clemencia en el imperio de su majestad Napoleón III para quienes atentan contra los principios establecidos.

—¿Desea agregar algo más, señor Pouchet? —preguntó el Doc.

—¡No! —contestó enfático. Pero un grupo proveniente de la mesa cuadrada presentó una solicitud: —Quisiéramos recomendar que se envíe a las viudas para proteger el lugar.

—¿Cuáles viudas?, ¿proteger de qué? —inquirió nuevamente el Doc.

—Pues las que deben mandarse, siguiendo la tan exitosa tradición rusa, para evitar el peligro de infecciones en la región. ¿Acaso no recuerda el tratamiento?, se trata de atar cuatro viudas a un arado y hacer un surco alrededor del pueblo —respondió el que hablaba por el grupo.

—¡No es posible!, ¡simplemente no es posible! —gritó alarmado otro hombre desde el fondo de la mesa redonda. Se le notaba iracundo. También portaba bata, aunque sobresalían claramente, bajo ésta, sus ropas de clérigo.

—¿Qué sucede, *signore* Lazzaro?, ¡levántese y hable! —conminó sonriente el Doc. El hombre se levantó y caminó hacia el estrado. Se distinguía claramente su nombre bordado en la bata: "Lazzaro Spallanzani" (1729-1799).

—¡Parece mentira que no pueda descansar tranquilo!, ¡venir a oír estas barbaridades en pleno siglo XIX! Siguen ustedes con ideas del siglo pasado —afirmó molesto Spallanzani sacudiendo la cabeza, sobre la que portaba una larga peluca rizada que le llegaba a los hombros. Y continuó su intervención: —Creí haber dejado bien claro durante mi vida, en el siglo XVIII, que eso de la generación espontánea eran cuentos de mentes pequeñas. Ya debería estar claro que las ranas no surgen de los charcos; que los escarabajos y moscas no surgen del estiércol de vaca, sino de los huevecillos ahí depositados. Demostré que aun ahí donde mis contemporáneos, como el reverendo John Needham (1713-1781) desde su parroquia en Inglaterra, parecían hacer crecer microorganismos de la nada, lo hacían por descuidar detalles pequeñísimos, pero a la larga fundamentales. Mi buen amigo Needham simplemente no tapaba bien los frascos de cultivo, permitiendo que los microorganismos presentes en el aire entraran a través de los tapones de corcho.

—¡La "controversia de los prelados"! —comentó Pablo, pero Spallanzani no interrumpió su discurso.

—Creo haber sido uno de los primeros, si no el primero, en aislar uno de esos bastoncitos, y observar cómo se reproducía bajo el microscopio. Estos experimentos los reprodujeron decenas de estudiantes, tanto en mi tierra natal, Pavia, en la bella Italia, como en toda Europa. Pregunten a Federico el Grande, quien me hizo miembro de la Academia de Berlín, o a María Teresa, emperatriz de Austria, gracias a quien se me nombró profesor de historia natural y conservador del Museo de Historia Natural de Pavia.

—Si de nombramientos se trata —se mofó Pouchet desde su lugar en la mesa cuadrada—, la misma María Teresa encargó al padre Needham organizar y dirigir la academia que fundó en Bruselas. También la Real Sociedad y la Academia de Ciencias de París admitieron al padre y al conde Buffon, quienes comparten el honor de haber dado a luz al concepto de la fuerza vegetativa, creadora de la vida. La heterogenia, que sólo abarca unas especies, permite la creación de un ser organizado nuevo, sin padres, tomando del medio ambiente los elementos primordiales que se requieren.

—¡Orden, orden! —pidió el Doc, ante la protesta de muchos de los asistentes. Aunque tenía experiencia en el manejo de conflictos, golpeaba amenazante con su enorme puño la mesa—. ¡Ya tuvo usted su oportunidad, *monsieur* Pouchet! ¿Desea agregar algo más, *signore* Spallanzani?

—Sólo concluir que, a diferencia de lo que *monsieur* Buffon y *mister* Needham rara vez hicieron, yo demostré en el laboratorio todas y cada una de mis hipótesis, y refuté todas y cada una de las suyas —agregó Spallanzani, con desorbitada mirada de águila—. *Monsieur* Buffon (1707-1788) ha sido un magnífico divulgador, y como literato merece todos mis respetos. Pero como científico... y peor, asociado con Felix, además, no sólo su "fuerza creadora" sino hasta sus escabrosas teorías del adelgazamiento del aire logré echar por tierra en mi laboratorio. Y hasta eso, para literatos, me quedo con Voltaire, con quien verdaderamente disfruté comentando las geniales elucubraciones de nuestros amigos sobre el origen de la vida. Realmente resultaba cómico cuando Voltaire disertaba y escribía sobre estos asuntos, aunque en realidad era trágico: después de siglos sin progresos, debido a esta conformidad apática que nos mantenía con las teorías de helénicos y romanos, justo cuando surge una nueva manera de acercarse al conocimiento, no falta alguien que se obstine en seguir en la oscuridad.

—Gracias, *signore* Spallanzani. Puede tomar asiento —ordenó el Doc. Enseguida guardó silencio durante algunos instantes y luego pensó en voz alta: —Sus errores merecen nuestro respeto, pues es usted hábil, *monsieur* Pouchet, pero todo esto parece dejar claro que los postulados de la generación espontánea son insostenibles. Sin embargo —reflexionó dudoso—, el que los microorganismos que se ven al microscopio, tan pequeñitos e indefensos, sean responsables de enfermedades o de grandes hazañas como delira el muchacho, eso ya me parece extraño. El *signore* Lazzaro no reportó nada de eso. Si Leeuwenhoek destruía los que tenía entre los dientes simplemente tomando café caliente, y es claro que al calentar sus matraces no queda ninguna forma viviente, ¿cómo pueden ser peligrosos, siendo tan frágiles?

—Con el debido respeto, *Herr* Doc, a ese respecto, ¿podría comentar un par de cosas? —sonó la voz con claro acento alemán que salía de la mesa redonda, mientras se levantaba de su asiento un hombre con calvicie prematura, de poblada barba y lentes pequeños debido seguramente a una fuerte miopía. Su bata decía "Robert Koch" (1843-1910).

—Desde luego, *Herr* Koch. Hable usted, pero sea breve, pues tengo que tomar una pronta decisión sobre si dejo que este joven se vaya a estudiar "microbiología", o lo interno de manera definitiva —respondió el Doc. Ante este comentario, el corazón de Pablo volvió a agitarse a ritmo acelerado. —Por cierto, ¿aún trabaja usted en ese manicomio cercano a Hamburgo, *Herr* Koch? —preguntó el Doc.

—No —contestó éste—. A partir de 1891 se me encargó la dirección del Instituto de Enfermedades Infecciosas de Berlín. Pero déjeme contarle algunas de las cosas que yo mismo logré observar en el laboratorio. Nuestros colegas franceses —y permítame que omita nombres para no entrar en detalles sobre diferencias entre nosotros que no vienen ahora al caso— habían venido difundiendo con mucho entusiasmo, aunque aún con escasas bases, la hipótesis de que eran microorganismos los responsables de muchas enfermedades infecciosas.

FIGURA II.4. *Robert Koch.*

Pablo sintió cómo en la sala se hacía un silencio con acento francés.

—Pues bien —continuó Koch—, yo logré observar a esas bacterias en forma de bastoncillos, procedentes de ovejas muertas por carbunco o ántrax, y más tarde contagié a ratones con esta enfermedad empleando la sangre de ovejas enfermas. En todos los casos, los bastoncillos estaban presentes. También logré cultivar estos bastoncillos en humor acuoso de buey y producir millones de ellos, y después de varias generaciones producidas en mi laboratorio, seguir infectando animales con estos cultivos de bacterias. Esos seres microscópicos son capaces de matar animales millones de veces más grandes que ellos, reproduciéndose en su interior.[2] El chico tiene razón: no debería encerrarlo.

—¿Sí?, ¿y cómo pasan de un animal a otro? —se alzó una voz burlona procedente de la mesa cuadrada.

—¡No interrumpan! —señaló molesto el Doc—. Continúe, *Herr* Koch.

—Pues también puse en evidencia que estas bacterias se defienden de morir en ambientes adversos formando esporas, que viendo por el microscopio parecen perlas. Para destruir a las esporas se requiere de tiempos y temperaturas de calentamiento más drásticas de lo usual —informó Koch, dirigiendo la mirada a quienes lo criticaban.

Entonces nuevamente se escucharon protestas, esta vez desde el extremo más alejado de la mesa cuadrada. Un grupo de hombres gritaba desaforadamente:

—¡Es cierto!, yo he descubierto el germen que causa todas las enfermedades —decía uno.

—¡De ninguna manera! —agregó otro, que empujaba y gritaba aún más fuerte—. ¡Es la combinación de cientos de especies lo que causa la tuberculosis!

—¡En mi laboratorio hemos aislado ya una bacteria causante de la tristeza! —se alcanzó a oír que señalaba otro de entre ellos.

Sin duda la charlatenería podía alcanzar cualquier nivel y tocar cualquier esfera, pensó Pablo. Ante el nivel de desorden y ruido que se generó en el salón, el Doc hizo una seña al grupo de enfermeras, quienes rápidamente desalojaron a los que gritaban. Pablo sintió la fuerte mirada de los desalojados, enfundados en camisas de fuerza:

—Como nos ves te verás —le decían.

[2] Si quieres saber más acerca de la teoría microbiana de la enfermedad, puedes leer "La historia de la célula: un viaje hacia dentro", de Martín Bonfil Olivera, en *Estampas de la ciencia,* vol. 1.

—Continúe, *Herr* Koch —dijo el Doc, y Pablo volvió a concentrarse en lo que este gran hombre de ciencia decía.

—Bueno, en realidad sólo quiero insistir en lo que antes dije. Logré que las bacterias pudiesen crecer en un medio sólido, empleando la superficie de una papa. De esta manera fue más fácil tener cultivos puros, pues en los medios líquidos se mezclaban fácilmente con contaminantes. Pero, sobre todo, pude verlas agrupadas en colonias sin necesidad del microscopio. Así llegué a uno de mis experimentos más exitosos y satisfactorios: aislé el bacilo que causa la tuberculosis. La dificultad para aislarlo estaba en que no crecía fácilmente en los medios convencionales, hasta que desarrollé un medio de cultivo a base de suero sanguíneo. Este trabajo, además de otros que llevé a cabo —como el aislamiento del bacilo causante del cólera—, se dio a conocer en todos los periódicos del mundo, por lo que, repito, las dudas que aquí se han externado contra este joven me parecen absurdas.

—Pues si es así —afirmó otra voz que salía de la mesa cuadrada—, que me explique *Herr* Koch, ¿cómo es que habiendo ingerido todo el contenido de uno de sus tubos de ensayo con ese bacilo en forma de coma que, según él, es la causa del cólera, repito, cómo es que habiéndolo ingerido ante testigos, no me sucedió absolutamente nada?

—Lo siento, profesor —contestó dando la espalda al Doc y volviéndose hacia la mesa desde donde le hablaba este hombre de avanzada edad. En el saco llevaba escrito "Max von Pettenkofer" (1818-1901)—. No tengo la respuesta a ésa ni a muchas otras preguntas, *Herr* Pettenkofer —continuó Koch—, sólo puedo decirle que, sin bacilo, no hay cólera, a pesar de sus experimentos en la Universidad de Munich, que espero no terminen algún día con su vida.

FIGURA II.5. *Joseph Lister.*

Un hombre agitaba la mano desde la mesa redonda, llamando la atención del Doc. Éste lo reconoció, pues le sonrió diciendo:

—¿Sí, doctor Lister? — haciendo un gesto que equivalía a darle la palabra. Vestía de blanco y se leía claramente en su bata: "Joseph Lister" (1827-1912).

—Yo sólo quiero comentar un detalle, Doc, si se me permite. Se refiere a un documento que hace tiempo dirigí al doctor Pasteur.

—Comente lo que guste —ordenó el Doc, interrumpiendo al doctor Lister.

—Nuestros métodos de aplicación del principio antiséptico en 1867 —continuó éste— produjeron cambios maravillosos en mis salas de cirugía en el Hospital Real de Glasgow, Escocia. De ser las más riesgosas del reino, de pronto se convirtieron en las más salubres, mientras que otras salas, de las que nos separaba sólo un corredor, seguían siendo insalubres.

—¡Claro! —apoyó un médico asistente que lo acompañaba—. En ésas seguían creyendo que la viruela podía brotar en cuartos cerrados; creían, para no hacerles el cuento largo, que era posible "crear un ratón" tan sólo siguiendo esta receta: mezclar una camisa sucia con un poco de queso y pan, y dejarlo almacenado por un tiempo en un cuarto oscuro.

Lister recuperó la palabra:

—Cuando se requería hacer amputaciones, casi la mitad de los pacientes morían debido a infecciones. Por cierto, quienes se operaban en nuestro hospital corrían más riesgo de morir que los franceses que lucharon en Waterloo. Hasta que introdujimos las reglas de higiene. Usábamos fenol como antiséptico y, desde luego, hábitos cada vez más estrictos de limpieza. ¡Ah!, quizá ayude que recuerde aquí el famoso caso de la isla Santa Kilda, que sucedió años más tarde. Se morían casi todos los recién nacidos, hasta que me llamó el reverendo Fiddes en 1890 y, después de estudiar el caso, convencimos a los habitantes de Santa Kilda de dejar la tradición de cortar el cordón umbilical con una cuerda embebida en aceite de ganso.

—*Clostridium tetani* —dijo Pablo, soltándose del brazo de Herculina—. Hasta la fecha siguen muriendo decenas de niños de tétanos cuando no se corta higiénicamente el cordón umbilical.

—¿Sí, milord? ¿Deseaba usted decir algo? —preguntó el Doc, dirigiéndose a otro individuo de típico atuendo británico.

—Soy sir David Bruce, el descubridor de la bacteria *Brucella melitensis* en 1887, la causante de la brucelosis en humanos que consumen leche de vaca o de cabra contaminada con ella.

—Y yo que siempre creí que la enfermedad se llamaba así por tener alguna relación con la ciudad de Bruselas —rió Pablo, pero nadie lo acompañó en su risa.

El Doc nuevamente lo ignoró y, volteando hacia el grupo que había venido hablando del tema, concluyó:

—Creo que todo esto habla también a favor de la teoría microbiana de las enfermedades, así que ya no daré la palabra a todos los que nos quieren dar ejemplos de microorganismos e infecciones. Gracias, señores, doctor Lister, *Herr* Koch…, les agradezco sus comentarios tan oportunos. Este asunto de los microbios y su relación con las enfermedades infecciosas me queda ahora más claro. Por cierto, *Herr* Koch tiene un cable fechado en 1905, de parte de la Fundación Nobel. Parece que es referente a un premio.

A pesar de la advertencia que había hecho el Doc, la discusión continuaba en la mesa redonda, en la que se mencionaban casos por demás impactantes: peste bubónica, cólera, poliomielitis, pulmonía, etc., pero el Doc ya no quiso saber más.

—También debe estar claro que no existe cosa tal como "la generación espontánea" —concluyó Lister—. Los experimentos ingeniosos de mi gran amigo Louis Pasteur demostraron de una y mil formas, ya en su laboratorio o en los sótanos, ya en las faldas del Monte Blanco o en el mar de hielo de los Alpes, que si no llega un microorganismo del medio ambiente a un matraz de cultivo, jamás aparecerá ahí vida de manera espontánea. Sus conclusiones son reconocidas por casi todos.

Pablo recordó que en el Instituto Pasteur aún se exhiben líquidos transparentes en matraces esterilizados por Pasteur.

Mientras Lister pronunciaba estas últimas palabras, Pablo captó en la mirada de Pouchet un aire de derrota, probablemente debido a que ya desde 1862 la Real Academia Francesa de Ciencias había dado la razón a Pasteur en esta controversia. Quizá también contribuyó el otro revés: el que recibieron las tropas francesas de Napoleón III en México ese mismo año, el cinco de mayo. Sin embargo, Pouchet todavía alcanzó a esgrimir algunos de los argumentos que siempre se habían empleado contra Pasteur a este respecto:

—Usted, doctor Pasteur, católico, admirador y admirado por Napoleón III, ¿cómo es que defiende todas estas posturas que van de la mano del feminismo, del socialismo, de los republicanos mismos? ¡Y eso por no mencionar las ideas de Darwin sobre el origen de las especies!

Pasteur le impidió terminar y por primera vez Pablo lo escuchó hablar, al tomar la palabra para defenderse de sus detractores, lo que había sido siempre su costumbre:

—¡*Monsieur* Pouchet! En mi laboratorio no hay ni religión, ni filosofía, ni ateísmo ni materialismo ni espiritualismo que valgan. Yo he demostrado que eso que usted llama la generación espontánea no es sino contaminación producto de la torpeza experimental.

Pasteur, todavía alterado, volvió a tomar asiento en medio de un silencio generalizado.

De pronto, Pablo sufrió un sobresalto cuando inesperadamente el Doc se dirigió a él.

—¿Tienes algo que decir, muchacho, además de que tienes que estudiar microbiología?

Pablo caminó despacio, y soltándose de la mano que en algún momento lo había sujetado, se dirigió hacia la mesa redonda. Estaba fascinado; se trataba en efecto de Louis Pasteur y de personajes de diversas épocas. ¿Qué decirles ahora que al fin tenía la palabra? Permitió que pasaran unos segundos sin hablar (técnica que le había aprendido al maestro de biología). La mirada serena de Pasteur lo cautivaba y difícilmente lograba apartar los ojos de los suyos; el parecido con su profesor de biología era sorprendente. Al pasar junto a Pasteur rumbo a sus asientos, el doctor Lister lo había abrazado efusivamente, mientras que Koch lo había ignorado. Mejor no pellizcarse, no fuese a despertar de un sueño. Recordaba que hacía unos años, el 28 de septiembre de 1995, había participado en un encuentro de la escuela donde se celebraba el centenario del fallecimiento de Pasteur. Ahí se habían presentado diversos trabajos relacionados con la obra de este gran hombre universal. Cuando el Doc repitió su pregunta, rompiendo el silencio, Pablo se escuchó contestar:

—Es que todos los procesos fermentativos son el resultado de la actividad microbiana...

Se hizo entonces un gran silencio y observó cómo Louis Pasteur se enderezaba en su asiento. Pablo continuó:

—El compatriota del doctor Pasteur, el físico Charles Cagniard de la Tour (1777-1859) había observado ya en 1837 a las levaduras en las cubas de fermentación de las fábricas de cerveza, y llegó a la conclusión de que no podía haber cerveza si no había levaduras.

Señaló entonces hacia Pasteur y dijo con más énfasis:

—Pero fue Pasteur quien vino a dar a la fermentación alcohólica su verdadera dimensión. Él demostró que eran las levaduras las responsables de la transformación del azúcar en alcohol. Fue así como estudió la producción de vino, detectando cómo otros microorganismos podían invadir ese medio rico en azúcares y transformarlos en sustancias distintas al alcohol. ¡Pasteur es el padre de la microbiología!

Se hizo un gran rumor en la sala. Pablo pudo observar una enorme sonrisa en el rostro de Pasteur, mientras que el Doc, con una seña, detenía de golpe a Herculina, quien ya se lanzaba sobre él.

—¿Se imaginan? —continuó Pablo, emocionado—. Después de miles de años durante los cuales el hombre produjo alcohol a partir de frutas y algunos cereales, de manera totalmente empírica, este hombre pone en claro que los microorganismos son un elemento esencial de ese fenómeno. Fue un paso fundamental en el descubrir el *cómo* de las cosas. Por algo Francia produce tan buenos vinos y cerveza —concluyó.

—¡Ja, ja! —se oyó un coro de risas burlonas provenientes de un grupo alemán, que cantaba y bebía cerveza en grandes tarros, acompañándola con salchichas.

—Lo de los vinos lo puedo creer, pero en cuanto a la cerveza, dudo mucho que, a pesar de todos los trabajos, la cerveza francesa se haya acercado siquiera un poco al sabor y calidad de la cerveza alemana. Ciertas fermentaciones son un verdadero arte, e intervienen muchos factores: no es algo que los microorganismos hagan solos —concluyó uno de los pocos alemanes que aún podía mantenerse en pie.

Pablo meditó sobre lo que acababa de oír. Era bien cierto, pues sabía de la gran competencia que había entre productores de cerveza, a pesar de que todos se basaban en la fermentación alcohólica. Sabía también que en la buena mesa se prefiere un buen vino francés a cualquier otro, y que hay bebidas alcohólicas características de cada país. Vio a otro grupo, éste de mexicanos, bebiendo tequila cerca de los alemanes; había rusos bebiendo vodka, ingleses con whisky y, desde luego, el grupo francés brindaba con champaña.

—Además, ¡no estamos de acuerdo con que el doctor Pasteur sea considerado el padre de la microbiología! —protestó otro del grupo alemán.

Pablo observó cómo el Doc, experto en controversias, negociaba con diversos grupos. Como parecía no haber acuerdo, declaró con autoridad: —Bueno, que cada quién le diga "padre" al que quiera. A mí me gusta el doctor Pasteur como padre de la microbiología o de la bacteriología. Fijemos el 2 de agosto de 1857 como la fecha de nacimiento de la criatura y que el acta correspondiente sea la *Memoria sobre la fermentación láctica*, presentada a la Sociedad de Ciencias, Agricultura y Artes de la ciudad de Lille, en Francia.

—Me gusta la fecha —comentó Pablo—, pues ese año nació también una constitución en México que estableció la libertad de enseñanza y dio inicio a la guerra de Reforma.

Pero nadie lo escuchó, pues se comentaba la propuesta del Doc.

—*¡Clagó, clagó!* —se escuchó casi en coro al grupo francés. Su líder continuó: —¿No *encontgó* el doctor un *micgobió difegenté* a la *levadugá* que *transfogma azúcages* en ácido láctico?

—¡El microbio es la verdad y Pasteur es su profeta! —gritó un hombre, identificado como el doctor Rossignol y que, desde que la controversia se había iniciado, hablaba del experimento público que Pasteur había realizado para demostrar la efectividad de su vacuna para ovejas y vacas contra el ántrax, aquel mes de junio de 1881.

—¡Imagínense! —continuaba exaltado: —¡El primer milagro público bien documentado!

Pasteur acabó con el debate dirigiéndose a Pablo desde la mesa redonda:

—Dejemos esa controversia a la historia. ¡Mejor háblenos sobre los fermentos no organizados!

Pablo tuvo escalofríos, pues la voz había sonado ahora sí claramente como la del profesor de biología, y sintió temor, aunque diferente al que le causaba Herculina. Esta especie de juicio-diagnóstico parecía ahora transformarse en un examen sobre un tema controvertido. Pensó en refugiarse en los brazos de Herculina y le dijo:

—Yo sólo vine a hablar por teléfono... —Nadie comprendió lo que quiso decir, salvo Herculina, que le sonrió maquiavélica. Volvió a oír la voz insistente de Pasteur:

—Vamos, no temas, ¡háblales de los fermentos no organizados!

Seguramente su insistencia era debida a la necesidad de cambiar de tema, se imaginó Pablo. Mejorar la cerveza francesa había llegado a ser para Pasteur una meta frustrante, asociada a su nacionalismo. Había sufrido mucho con la guerra franco-prusiana y el sitio de París durante el crudo invierno de 1870, cuando Bismarck, el Canciller de Hierro, logró para Prusia la anexión de Alsacia y Lorena. Llegó al grado de regresar la condecoración que había recibido de la Universidad de Bonn, en señal de indignación ante lo que llamó la barbarie y la hipocresía. Pablo recordó aquella clase con su profesor de biología, en la que se argumentaba que la ciencia era universal y no tenía patria. "Pero los hombres de ciencia sí tienen la suya", habría dicho Pasteur.

Antes de que Pablo tomara la palabra, otro hombre del grupo alemán se adelantó:

—Yo ya me cansé de proponer una y otra vez, la primera en 1876, que no se les llame "fermentos no organizados" sino *enzimas,* del griego "en la levadura".

En la bata portaba el nombre de Guillermo Kuhne (1837-1900). Y continuó:

—Ya debería estar claro que los fermentos organizados son los microorganismos, es lo mismo. Pero esas otras actividades como la de la diastasa, que se obtiene de los cereales malteados y transforma al almidón en azúcar, o la que permite digerir los alimentos, presente en los jugos gástricos, son enzimas. Las enzimas son como los catalizadores que definió el químico sueco Jöns Jakob Berzelius (1779-1848) en 1835: sustancias que permiten llevar a cabo transformaciones químicas —concluyó.[3]

—En eso estoy de acuerdo —apoyó otro alemán, Justus von Liebig (1803-1873). Su bata también decía: "Padre de la escuela química alemana"—. Todo cambio —continuó— no es sino una transformación química y no, como afirma el doctor Pasteur, producto de la acción de microorganismos. Éstos no intervienen para nada. Mejor les platico de los ciclos del nitrógeno y del carbono en la naturaleza.

Pasteur estuvo a punto de volver a levantarse para iniciar el debate, pero no lo hizo. Sin duda, justificó Pablo, debido a la forma grosera en la que Liebig siempre lo trató, al grado de enfrentar a la química alemana con la biología francesa. Pero de nuevo otro alemán contestó por él, interrumpiendo la descripción de los ciclos descubiertos por Liebig:

—Yo logré poner fin a la controversia entre Liebig y Pasteur al aislar, en 1897, de la levadura, las enzimas que pueden transformar al azúcar en alcohol. Ya ambos habían muerto, desafortunadamente. Las enzimas se pueden separar de las células y conservan su actividad. Los seres vivientes deben producir enzimas para elaborar y transformar las sustancias que requieren. Así que, como ven, señores, los dos tenían un poco de razón. —"Eduardo Buchner (1860-1917), premio Nobel, 1907", anunciaba su bata.

Pensó que el comentario molestaría a Pasteur, pero éste agregó, mientras levantaba los hombros:

[3] Si quieres conocer más sobre los trabajos de Berzelius, puedes leer "La nicotina del tabaco, algo de la química del siglo XIX", de José Antonio Chamizo Guerrero, en *Estampas de la ciencia*, vol. 1.

—No siempre los hombres de ciencia tenemos razón. Somos tan inteligentes como tontos, y hay que aprender a ser humildes. Ése es el reto para los hombres de ciencia que se acercan a grandes y hermosas verdades.

Pablo gozaba de las palabras de Pasteur, y después de unos momentos aprovechó el silencio general para concluir:

—Las enzimas ahora son producidas por microorganismos en grandes industrias para muchas aplicaciones, y se ha descubierto claramente su papel en el funcionamiento de la célula. Pero al igual que los microorganismos, hay numerosas aplicaciones de las enzimas en la industria. Las generaciones que le sucedieron, doctor Pasteur —y en ese momento se dirigió nuevamente hacia él— iniciaron el acercamiento entre la microbiología y la industria.

—¿Y cuál sería a su juicio, jovencito, el principal producto de este acercamiento? —preguntó el Doc, quien parecía estar cada vez más interesado en el tema.

Pablo no tuvo tiempo de contestar, pues varias voces se alzaron al mismo tiempo desde la mesa cuadrada. Correspondían a más de una docena de hombres que, por su vestimenta, parecían recorrer todo el siglo XX, desde el que vestía de saco, bombín y polainas, hasta el que usaba pantalón de mezclilla y tenis de moda. Los había elegantes y fachosos. Sintió nuevamente que esos rostros le eran familiares.

—Yo quiero hablar de un microorganismo que tuvo algo que ver con la creación de un estado —dijo un hombre vestido de negro, barbas largas y cabello escaso. Su comentario volvió a generar excitación en la audiencia. Sin poner atención, el hombre continuó:

—El doctor Pasteur, entre muchas otras cosas, trabajó sobre la fermentación butírica. Encontró lo que es de hecho el título de uno de sus trabajos: *La existencia de formas de vida que sólo pueden vivir en ausencia de oxígeno*. Pues bien, el químico ruso-israelita Chain Weizmann (1874-1952), ante la escasez de acetona durante la primera Guerra Mundial y a solicitud de David Lloyd George, a la sazón ministro de guerra, encontró que la bacteria *Clostridium acetobutylicum* era capaz de resolver el problema, transformando azúcares en acetona en ausencia de oxígeno. Este trabajo lo desarrolló en la Universidad de Manchester, en Inglaterra. Se dice que cuando Lloyd George llegó a ser primer ministro inglés, de alguna manera el esfuerzo de aquel químico influyó en la histórica declaración Balfur de 1917 y la subsecuente creación del Estado de Israel, con nada menos que el propio Weizmann como primer presidente.

Se escuchó un murmullo de admiración que duró sólo unos instantes, pues el grupo que se había levantado permanecía excitado, esperando que el hombre de negro concluyera para tomar ellos la palabra. El Doc agradeció al hombre su participación y Pablo experimentó la seguridad de que su caso estaba ganado. Esta sensación se incrementó al oír al Doc comentar:

—Por lo visto no todas las aplicaciones de la microbiología en la industria podrán ser ventiladas en esta sesión. Vamos sin embargo a hacer un esfuerzo por escuchar a alguno más de ustedes. Veamos..., que hable el señor del portafolios.

El hombre señalado avanzó, sacó varias tarjetas de la bolsa interna de su saco y las distribuyó entre los asistentes.

—¡Ácido cítrico, su señoría! —exclamó, como quien anuncia un producto de puerta en puerta—. Es uno de los productos que más se emplea en la industria de alimentos como acidulante. La compañía a la que represento, siempre atenta a los negocios.., perdón, atenta a las necesidades del consumidor, aprovechó.., perdón, lamentó que durante la primera Guerra Mundial los italianos descuidaran la producción de limas y limones, e inició, en 1923, la producción de ácido cítrico.

—¿Crítico? —preguntó Herculina, quien por lo visto hablaba poco.

—Cítrico —repitió el hombre—. El estreno fue en Nueva York, con el hongo *Aspergillus niger* en el papel estelar. Todo esto se hizo con un guión publicado en el *Journal of Biological Chemistry* por el doctor Currie en 1917. No me atrevería a decir que es la primera puesta en escena, perdón, aplicación industrial de un microorganismo, derivada de una publicación científica, pero por ahí va la cosa. Después de la experiencia en Nueva York, nos fuimos por todo el mundo: Inglaterra, Alemania, Bélgica, Checoslovaquia, todo un éxito. La compañía con la que iniciamos el negocio en Nueva York ahora produce muy diversas sustancias obtenidas del crecimiento de microorganismos,

—¡Está bien, está bien! —lo detuvo el Doc—, gracias por su información. ¿Cuál es el nombre de su compañía?

—Pfizer, Doc. Está en mi tarjeta.

Y obedeciendo la indicación de quien lo ayudaba a retirarse, el hombre del portafolios dejó la sala.

—¡Quisiéramos informar algo! —señalaron dos hombres de aspecto impecable, que pasaban al lado de Pablo en dirección al Doc—. Yo soy Howard Florey (1889-1968), patólogo australiano, y mi colega es Ernst Chain (1906-1979), bioquímico inglés. En realidad no somos muy famosos, o al menos no tanto como el señor Alexander Fleming (1881-1955), quien no pudo venir por encontrarse resfriado, pero nuestro trabajo en la Universidad de Oxford, en Inglaterra, contribuyó sin duda alguna a su fama.

—A ver, primero explíquenme por qué es famoso Fleming —cuestionó el Doc.

Pablo, sorprendido de que un doctor no conociese la respuesta, tomó la palabra:

—Fleming descubrió la penicilina, Doc —dijo con el tono de quien en la escuela contesta algo obvio, y continuó: —Cuentan que cultivaba en un medio sólido una bacteria peligrosa: *Staphylococcus aureus.* Entonces, un hongo que pululaba en el aire cayó sobre la pequeña caja donde, en principio, debía crecer la bacteria, y la contaminó. Primero, Fleming estaba molesto, pues su experimento parecía arruinado por la contaminación; como cuando abrimos la bolsa de pan y la encontramos invadida de moho verde y debemos tirarla. Sin embargo, y para su sorpresa, Fleming observó que en una amplia zona alrededor del hongo, identificado luego como *Penicillium notatum,* la bacteria no podía crecer.

—¿O sea que el hongo le estorbaba con algún arma secreta? —preguntó Herculina, sin soltarlo.

—En efecto, señora, y Fleming supuso que una sustancia producida por el hongo era lo que destruía a las bacterias. Hoy la penicilina es el antibiótico más conocido en el mundo y, obviamente, Fleming un científico que pasó a la historia —concluyó Pablo.

—Está bien, pero ahora díganme: ¿cómo contribuyeron ustedes a su fama? —preguntó el Doc a los dos hombres.

—Bueno, el experimento de Fleming se realizó en 1928 y en realidad, desde el punto de vista práctico, no había recibido mucha atención hasta que nos enfrentamos a la tragedia que representó la segunda Guerra Mundial. Miles de víctimas requerían de una sustancia como la penicilina para evitar las infecciones que se presentaban a consecuencia de las heridas. Entonces recurrimos a la industria americana, pues la inglesa estaba saturada con la producción para la guerra, y fue así como, con su apoyo y el de laboratorios del sector público, hicimos de la microbiología una industria. De hecho, Fleming nunca logró purificar la penicilina. Eso lo logró Florey —presumió Chain.

—Tampoco demostró, como nosotros, que la penicilina no era tóxica para el ser humano —concluyó Florey.

—Creo que así surge lo que hoy llaman "biotecnología industrial" —se animó a decir Pablo, aunque notaba que al Doc no siempre le gustaban sus intervenciones.

—En efecto —apoyaron los dos ingleses—. Logramos hacer que creciera el hongo en tanques de acero inoxidable de más de 200 litros; suministramos aire para que el proceso fuera aerobio y agitamos el medio para homogeneizarlo, controlando la temperatura y, sobre todo, manteniendo el cultivo en condiciones estériles. Hasta entonces, la producción se hacía en medio sólido en botellas de un litro. Es mejor trabajar con un solo tanque de 200 litros que con 200 botellas. ¡Y no se diga después, cuando los tanques alcanzaron los miles de litros!

Pablo intervino nuevamente, pues sabía que tenía información que los ahí presentes desconocían:

—Actualmente la gama de antibióticos producidos mediante fermentaciones de hongos y bacterias es muy amplia. Es quizá uno de los sectores más productivos de la industria biotecnológica. Y todo por un accidente en los experimentos de Fleming —concluyó de su cosecha—, y pensó para sí: "pobre Fleming, si supiera que en los albores del siglo XXI, ahora que todo se compra y se vende, se acaba de rematar en más de 35 mil dólares, en una subasta en Nueva York, la cepa de *Penicillium* que él aisló, se volvería a morir, o al menos cobraría su parte".

—¡No hay accidentes! —agregó una voz dulce que Pablo reconoció de inmediato. ¿Qué diablos hacía su hermana en ese lugar?, ¿cómo lo había encontrado?, ¿acudía en su rescate o vendría a ofrecerle visita los sábados y llevarle cigarros? (Claro que ése no podía ser su final, pues él no fumaba.) Para su alivio, su hermana continuó:

—No hay accidentes, más bien una intuición extraordinaria en ciertos individuos en momentos clave de la historia de la ciencia, que además tienen la virtud de perseguirla y al mismo tiempo se dejan guiar por ella, hasta donde esto pueda llevarlos. Es así como el hombre se ha asomado al cosmos. Es así como se asoma a la célula.

Pablo quiso interrumpir a su hermana, pero fue inmediatamente callado por los asistentes, sobre todo los ubicados en la mesa redonda, con un fuerte "¡ssshhh!"

—El doctor Pasteur —continuó Elisa, al mismo tiempo que hacía una respetuosa reverencia en dirección del sabio— parecía obsesionado con encontrar la relación entre microorganismos y enfermedades infecciosas. Sus maravillosas conferencias convencían a sus aterrados oyentes sobre los peligros latentes en los microorganismos, que estaban en todas partes. En un golpe de astucia docente, proyectaba con un rayo de luz las partículas dispersas en el aire sobre una pared del auditorio. Más tarde, jugándose inclusive la vida, persiguió la intuición de que los propios microorganismos podían ser una alternativa, directa o indirecta, para la curación de las enfermedades que ellos mismos causaban. No hablaré aquí de su vacuna contra el ántrax o de la vacuna contra la rabia, pues estoy segura de que son del conocimiento de todos.

—¡Sí! —exclamó Rossignol desde un lugar lejano de la sala.

—Y sin embargo, cuando inició su búsqueda en el laboratorio, perseguía tan solo una idea, una hipótesis —continuó Elisa—. De la misma manera, Fleming intuyó que habría alguna sustancia universal que podría acabar con los microorganismos patógenos. Buscó esa sustancia por muchas partes, hasta que descubrió la penicilina. ¿Por accidente?, no sé si fue accidental. Pero deben saber que ya en 1922 descubrió una enzima, la "lisozima", que se encuentra en las secreciones nasales. ¿Que cómo le hizo?, pues aprovechando que padecía de un fuerte catarro, se le ocurrió agregar sus secreciones a las cajas donde cultivaba las bacterias. ¿No les suena este método un tanto cuanto familiar?

Pablo sintió que la mano de su hermana le tapaba la boca, cuando trató de comentar: —El que se sonó fue...

—¡Así es! —respondieron al unísono Florey y Chain.

Elisa, al recordar la presencia de estos dos hombres, se dirigió hacia ellos, concluyendo:

—En cuanto a ustedes, estoy de acuerdo en que muy pocos asocian sus nombres a la penicilina, pero, señores míos —agregó con enternecedora voz—, por un lado recibieron, junto con el señor Fleming, el premio Nobel de medicina en 1945. Y, sobre todo, el simple hecho de saber que gracias a su trabajo no sólo se generó un nuevo tipo de industria, sino que se han salvado y se seguirán salvando cientos de miles de vidas debe ser suficiente como para sentir que sus logros fueron una bendición para el mundo. Tras la sonrisa de una madre al ver que su hijo supera una fiebre infecciosa, una pulmonía o una meningitis, hay más recompensas que en todos los premios, las distinciones o la fama académica del mundo.

Pablo notó cómo su hermana se agotaba con el discurso, y buscó algo para darle de beber. Sólo encontró una jarra de leche y sirvió un vaso a su hermana. Ella le preguntó entonces:

—¿Estará pasteurizada?

Ambos voltearon inmediatamente a ver a Pasteur, quien nuevamente había adoptado una mirada serena. Parecía haber rápidamente asimilado este homenaje que le rendía el mundo por una de sus tantas aportaciones. Pablo vio cómo Elisa se dirigía a Pasteur y con respeto comentaba:

—Ahora se dispone de muchas técnicas para eliminar a los microorganismos, doctor Pasteur, como por ejemplo la filtración. Recuerdo que usted empleó este principio, el de "retención de partículas y microorganismos en filtros hechos con algodón". Ahora se puede medir con precisión el tamaño de los microorganismos y diseñar filtros para retenerlos. Aunque seguimos empleando el calor húmedo en autoclaves, como el que inventó el físico irlandés John Tyndall (1820-1893) en 1882. Y son muchos los alimentos que se "pasteurizan", tal como usted alguna vez lo ideó con el vino. Ojalá estos hombres nos dejaran salir a que conociese usted el mundo moderno —dijo Elisa, como animándose a abandonar el lugar con su hermano y Pasteur.

Pablo sintió una mezcla de alegría ante la posibilidad de salir de ahí, y de orgullo por la acción de su hermana. Sin embargo, Herculina sujetó con mayor fuerza tanto a Pablo como a Elisa, y anunció, con la típica voz del personaje malvado:

—De aquí no sale ningún microbio.

—¡Huele usted a París antes del descubrimiento de la pasteurización! —exclamó Pablo, molesto al quedar atrapado bajo su hombro. Nuevamente el Doc hizo una seña a la mujer para que lo soltara. Elisa, en cambio, ni se inmutó, o al menos así le pareció a Pablo, y de nuevo se dirigió a Pasteur para comentar:

—Pues sepa usted que allá afuera, doctor, las cosas han cambiado bastante. A veces para bien, otras no tanto. Mi hermano se queda corto con lo que le ha contado, pues aún sabe poco sobre la ingeniería genética y sus posibilidades, no sólo para la microbiología industrial sino también y sobre todo para el tratamiento de enfermedades de origen genético.

Pasteur hizo un movimiento como para hacer sentir a Elisa que tenía toda su atención, y ella continuó:

—Allá afuera, le decía, se erradicó la viruela y prácticamente la polio, y estamos protegidos de muchas otras infecciones gracias a intensas y eficientes campañas de vacunación. Hoy ya nadie lleva la cuenta que usted inició en 1886, que llegó a incluir 1,235. Sí, la de las personas salvadas de la muerte después de haber sido mordidos por animales con rabia. Pero es que hoy la cifra simplemente rebasaría los millones. Disponemos de un sinnúmero de herramientas contra los microorganismos destructores.

—En París teníamos dos millones de habitantes en 1880 —interrumpió nostálgico Pasteur—. Anualmente morían unos 15 mil hombres, mujeres y niños de tuberculosis; dos mil de difteria; mil 500 de tifoidea...

—Pues son enfermedades que han sido vencidas, doctor —quiso animar Pablo, al ver reflejada la tristeza en los rostros de Elisa y Pasteur—. ¿Recuerda al doctor Eduardo Liceaga, un médico mexicano que lo visitó en 1888? Pues en abril de ese año se inyectó al primer niño mexicano mordido por un perro rabioso.

La sonrisa en los labios de Pasteur sólo duró unos instantes, y de nuevo se sumió en la melancolía. Recordó en voz alta:

—En 1859, a los nueve años, murió de tifoidea mi hija Jeanne; cuatro años después nació Camille, pero murió a los dos años, en 1865, víctima de un tumor; tres meses antes había enterrado a mi padre. Al año siguiente, en 1866, murió Cecile, de trece años; también fueron los microorganismos, la tifoidea. Me quedé solo con Jean-Baptiste y Marie-Louise, y claro, Marie, mi eterna compañera y colaboradora... y en 1868, vino el ataque de hemiplejía que me semiparalizó.

—Pero nada pudo oponerse a su destino de hombre

universal —agregó Elisa, enfática—. Estoy segura de que gozaría si pudiera llevarlo a visitar a todos los microorganismos que se encuentran trabajando arduamente para nosotros en cientos de fermentadores en fábricas por todo el mundo: ahí elaboran toda clase de productos: antibióticos y decenas de otros medicamentos; todo tipo de vacunas; bebidas alcohólicas, alimentos fermentados, quesos, sustancias dulces para la industria, gomas, plásticos, colorantes... bueno, hasta microorganismos para la alimentación.

—Alimentos, sí, pero ¿y qué decir de la industria química? —interrumpió un hombre de extraña vestimenta color verde. Parecía salido de las luchas, pues lucía capa y máscara. Pablo sintió que entraba en una pesadilla y trató infructuosamente de pellizcarse—. Yo soy Supermicrobio Verde, pero sólo dime Microbio Verde, pues también soy supermodesto, a veces rudo y a veces científico —continuó—. Me dedico a luchar por un mundo limpio, lleno de plantas y sin contaminación. Hemos tenido que poner en acción huestes de microorganismos para limpiar todo lo que la inconsciente industria química ha ensuciado. También tenemos equipos para limpiar el agua y aprovechar muchos residuos de la agroindustria para producir alimento microbiano.

—¿Qué es eso de alimento microbiano? —cuestionó el Doc, a quien la irrupción del hombre de verde puso de mal humor. Su curiosidad por el tema, no obstante, pudo más.

—Así le digo yo a los microorganismos que sirven directamente como alimento —contestó Microbio Verde—. Por ejemplo los champiñones, que hacen las delicias de tanto quesadillómano que hay en este país. Pues se trata de un compañero microbio, un hongo que crece en paja y estiércol, después de que otros compañeros de naturaleza bacteriana hicieron lo que se llama el *composteo*.

—O el cuitlacoche —agregó Pablo—, otro hongo que crece en el maíz y que ahora a los gringos les ha dado por llamar "el caviar azteca".

—¡Callen —ordenó Herculina—, que aún no he almorzado!

—O el hongo *Fusarium graminearum*, con el que se produce una "micoproteína" que hace actualmente las delicias del pueblo inglés —comentó Elisa.

—Pues si sabe igual que sus famosos pays de riñones, no me gustaría ni olerlos —se burló Pablo.

El Doc hizo una mueca extraña, ante el curso que había tomado la discusión y se escuchó que ordenó en voz baja a uno de sus asistentes que fuera al puesto de la esquina a traerle productos microbianos: quesadillas con champiñones y bastante epazote.

—Como puede ver, Doc, comemos productos que elaboran los microorganismos, productos que contienen microorganismos o simplemente a los microorganismos mismos —continuó Pablo, como queriendo entablar confianza con el Doc y empezar a llegar a conclusiones. Pero el Doc estaba distraído por lo que sucedía en la sala, y nuevamente se le notaba molesto.

Pablo siguió con la mirada a su hermana y a Microbio Verde, quienes se mezclaban con gran tumulto entre los asistentes que estaban de pie alrededor de la mesa redonda, mientras el Doc pedía silencio y amenazaba con encerrar a Microbio Verde. Éste repartía a los asistentes propaganda en la que se denunciaba la contaminación causada por un grupo de industrias y demandaba se instalaran fuera de la ciudad. Explicaba la necesidad de presionar al gobierno para que invirtiera más en investigación en biotecnología y endureciera las leyes que castigaban a quien contamina, como alternativa a buena parte de los problemas ambientales. El texto concluía como en los desplegados de los periódicos: "¡Sí a los procesos sustentables, a los plásticos biodegradables, a los biocarburantes, al reciclado, a la composta! ¡No a los procesos que arrojan desechos al medio ambiente, que agotan los recursos naturales! ¡Inversión y Leyes! Afíliate al Movimiento Fotosintético Nacional (MOFONA)."

Pablo miró a Elisa, que observaba a Pasteur, quien a su vez no salía de su asombro. Elisa tomó entonces la palabra, dirigiéndose a Microbio Verde:

—Tu esfuerzo es loable y está muy bien, pero se requiere mucho más que eso para resolver los problemas ambientales que nos aquejan. ¿Quieres que se vaya la industria lejos?, ¿a dónde? Es como el que va y deja su bolsa de basura en la acera de enfrente, "lejos" de su casa, o el que quiere que fuertes vientos soplen o construye altas chimeneas, o manda barcos con sus desperdicios a otro país, como si con eso se resolviese el problema. No hay espacio "más allá"; estamos llegando a los límites que soporta el planeta, y la destrucción de la capa de ozono es un ejemplo de ello. Estamos todos en este mismo y maravilloso mundo, y sólo tomando conciencia de ello podremos resolver los problemas.

—Pero al menos estarás de acuerdo conmigo en que los microorganismos son nuestros aliados en esta lucha —interrumpió con enfado Microbio Verde.

—¡Claro!, los microorganismos y la tecnología. Además, las nuevas técnicas de la ingeniería genética ahora permiten potenciar sus usos. Pero, nuevamente, si esto no es usado con ética y conciencia puede volverse en nuestra contra, por lo que la educación y la ética adquieren el carácter de recurso vital. Vivimos una época de mucha ciencia y tecnología, pero también de mucha ignorancia. Se requiere de una toma de conciencia individual, diría yo. En vez de verde, tal vez deberías cambiar tu color por el azul del planeta y no apostarle sólo a los microbios y las plantas, sino a la educación y a la toma de conciencia —concluyó Elisa, en un rollo que Pablo le conocía de sobra pero que, para su sorpresa, en esos momentos le hacía sentir orgulloso de su hermana, a diferencia de lo que sucedía cuando ella venía a "dictar cátedra" a su cuarto, cuando estudiaba con sus cuates.

Microbio Verde hizo un gesto grosero e, ignorando a Elisa, continuó repartiendo su propaganda. Sin embargo se detuvo de un golpe cuando la voz de Pasteur vibró desde la mesa redonda:

—¿Qué es eso de la ingeniería genética?

Elisa no esperó ni un segundo para tomar la palabra.

—Hace un poco más de dos décadas se inició una historia que tiene su origen en la estructura del ADN, el ácido desoxirribonucleico...[4]

—¡Salud! —dijo el Doc a Elisa, pero ésta lo ignoró y continuó:

—...la molécula responsable de mantener y transferir la información genética, es decir, lo que hace de un microbio un microbio y de usted un hombre. Pero a diferencia del microbio, el hombre ha aprendido a manipular en el laboratorio dicha información, identificando, aislando y moviendo de una célula a otra pedazos de información genética, lo que dio inicio a la ingeniería genética.

—Por cierto —dijo Elisa, dando la espalda al Doc y dirigiéndose a todos y a nadie—, en el desarrollo de estas metodologías estuvieron involucrados científicos mexicanos.

Señaló entonces a un grupo que, sentado en la mesa redonda, discutía ajeno a la reunión.

—Francisco Bolívar Zapata y Luis Herrera Estrella, quie-

[4] Para saber más acerca de la historia del ADN, puedes leer "De chícharos, moscas, bichos y humanos: la genética", de Gilda Flores Rosales y Eduardo López Orduña, en este volumen.

nes actualmente trabajan en la Universidad Nacional Autónoma de México (UNAM) y el Centro de Investigación y Estudios Avanzados (CINVESTAV) del Instituto Politécnico Nacional, respectivamente; dos de las más prestigiadas instituciones científicas de México —sentenció. Se dirigió nuevamente a Pasteur y continuó—: Han aparecido muchos medicamentos producto de microorganismos que han sido modificados mediante las técnicas de la ingeniería genética, como la insulina, para los diabéticos; el interferón, en tratamientos contra el cáncer; el activador de plasminógeno, para evitar la trombosis después de un infarto, y la eritropoyetina, para estimular la producción de glóbulos rojos, entre otras proteínas de aplicación farmacéutica. Pero también cosas tan cotidianas como las proteasas.

—Las proteasas deben ser enzimas —comentó Pasteur, mitad afirmando, mitad preguntando.

—En efecto. Son enzimas que degradan a las proteínas. Es el caso de la subtilisina, una proteasa que produce la bacteria *Bacillus subtilis.* Otto Rohm (1876-1939) acabó en 1908 con una costumbre, que usted conocía bien, doctor Pasteur —dijo Elisa sonriente—, pues sabemos que era parte de lo cotidiano ver a su padre emplear excremento de animales en el curtido de pieles. Tanto las enzimas proteolíticas residuo de la digestión como los microorganismos presentes en el excremento actuaban sobre el colágeno, una proteína de la piel, iniciando el proceso de curtido. Rohm introdujo el uso de extractos de páncreas de mamíferos, que contienen una proteasa, la enzima tripsina, lo cual constituye una forma más controlada y limpia de tratar la proteína. Después, en 1915, extendió la patente para los detergentes. Hoy los detergentes biológicos tienen como principal ingrediente a las proteasas, que digieren la proteína de la mugre, y varias de ellas se obtienen de microorganismos nuevos, o como les dicen, "recombinantes".

—¡Mi padre, ese héroe! —suspiró Pasteur, entre nostálgico y sonriente.

—Un trago a su salud —propuso Pablo, constatando con sorpresa que la jarra de leche había sido transformada en vino. Aunque estaba seguro de que ningún microorganismo lograría ese cambio; tal vez fuera obra de un mesero solícito.

—Mi padre solía decir que hay más espíritu en el vino, que en todos los libros de filosofía, aunque... —agregó ampliando la sonrisa— reconocía que en el vino no encontraba fórmulas matemáticas. Me hubiera gustado estar presente cuando Napoleón I lo condecoró, pero yo nací en 1822, el 27 de diciembre, un año después de la muerte del emperador.

"Y de la consumación de la independencia de México" pensó Pablo, y añadió: —Pero usted fue condecorado por Napoleón III en la exposición universal de 1867, por sus trabajos para la industria del vino.

—Sí —contestó Pasteur—. Fue una de mis primeras distinciones: recuerdo bien aquel día. Éramos 73 los distinguidos, aunque el aplauso grande se lo llevó el diplomático francés Ferdinand Lesseps (1805-1894) por su proyecto de construcción del canal de Suez. Ese mismo año Lister comenzó a implantar la asepsia en hospitales; y por cierto, en México su presidente fusilaba a Maximiliano de Habsburgo —concluyó, dirigiéndose a Pablo, pero éste desvió la mirada hacia Microbio Verde, quien se levantaba del suelo y, sacudiéndose el uniforme, se despedía de los asistentes.

Pablo aprovechó la situación para cambiar la plática despidiendo a Microbio Verde. Lo observó detenerse en la puerta de acceso al salón, regresarle la mirada y burlonamente decir:

—No sé tú, cuñado, pero yo ya me voy.

Pablo volvió a sentir la mano de Herculina mientras escuchaba la despedida.

—Qué lástima que no puedas salir, pues me voy de expedición. Andamos en búsqueda de microorganismos en ambientes raros: lugares de muy alta temperatura, o de alta presión, o donde ha habido derrames de petróleo. Se trata de encontrar microorganismos adaptables a esas condiciones para aprovechar sus funciones en nuevas aplicaciones.

Y diciendo esto, Microbio Verde desapareció dejando un fuerte olor a hierba. Para el asombro de Pablo, ninguna enfermera se movió. Habían dicho que no saldría ningún microbio. Por otro lado, la expresión en el rostro del Doc mejoró sensiblemente con la salida de Microbio Verde.

Elisa vino a quedar junto a Pablo, y él la tomó con la mano que Herculina le dejaba libre. Nuevamente se sintió emocionado cuando Pasteur se puso de pie y pausadamente dijo:

—No dudo que los microorganismos sean aliados del hombre en la lucha que hoy enfrentan contra lo que describen como el deterioro ecológico, tal como lo han sido con las enfermedades. Pero "cuando yo meditaba sobre una enfermedad, nunca pensaba en hallar un remedio para ella, sino en los medios para prevenirla".

—Pero es que el mundo es un caos, doctor —interrumpió Pablo.

Pasteur lo miró con afecto y continuó:

—Sobre todo, no os dejéis corromper por un escepticismo estéril y deprimente. No os desalentéis ante la tristeza de ciertas horas que pasan sobre las naciones. Vivid en la serena paz de los laboratorios y de las bibliotecas. Y preguntaos primero: ¿Qué he hecho por instruirme?, y después, a medida que vayáis progresando, ¿qué he hecho por mi patria? Hasta que llegue el día que podáis tener la íntima satisfacción de pensar en que habéis contribuido de alguna manera al progreso y al bienestar de la humanidad.

Ante las palabras de Pasteur, el miedo se fue en un instante. Pablo abrió los ojos y nuevamente encontró a Louis Pasteur, quien sereno continuaba mirándolo, pero ahora desde la portada del libro de biología, que seguía en el suelo, junto a la cama. Ya no tenía parecido físico con el profesor de biología. Repasó rápidamente su sueño y sonrió, extrañado. Se levantó, vio el libro de cuentos de García Márquez que yacía también en el suelo, pero no quiso detenerse, y sin hacer ruido fue al cuarto donde se encontraba su hermana. Para su sorpresa, Elisa estaba despierta y miraba la Luna llena desde la ventana. Ella lo sintió llegar y lo abrazó.

—¿No es bellísima la Luna? Y mira, ¡se ve claramente el conejo de la leyenda náhuatl! —le dijo ella en voz baja, para no despertar a los demás. Y agregó:

—¿Sabías que pudo haber microorganismos en Marte?

El corazón de Pablo pegó un brinco ante la pregunta. Se tranquilizó cuando cayó en la cuenta de que Herculina ya no lo sujetaba del brazo. Acariciando juguetonamente el pelo de su hermana, se despidió:

—Sí, hermana, pero no lo comentes mucho. Mejor vámonos a dormir; mañana tengo examen de microbiología.

Bibliografía

Debré, Patrice, *Louis Pasteur. Una biografía*, Debate, Barcelona, 1995.

Dixon, Bernard, *Power Unseen. How Microbes Rule the World*, Freeman, Nueva York, 1994.

Dreyfus Cortés, Georges, *El mundo de los microbios*, Fondo de Cultura Económica, col. La Ciencia para Todos, núm. 43, México, 1989.

Fresán, Magdalena, *El vencedor del mundo invisible. Louis Pasteur*, Pangea, col. Viajeros del Conocimiento, México, 1989.

García Fernández, Horacio, *Biotecnología: la lámpara de Aladino*, ADN, col. Viaje al Centro de la Ciencia, núm. 2, México, 1994.

García Márquez, Gabriel, "Sólo vine a hablar por teléfono", en *Doce cuentos peregrinos*, Diana, México, 1992.

De Kruif, Paul, *Los cazadores de microbios*, Porrúa, México, 1994.

Latour, Bruno, *Pasteur. Una ciencia, un estilo, un siglo*, Siglo XXI, México, 1995.

López-Munguía Canales, Agustín, *Alimentos: del tianguis al supermercado*, ADN, col. Viaje al Centro de la Ciencia, núm. 3, México,1995.

III. Los polímeros sintéticos en el siglo XX

Georgina Rosales Rivera
y *Luz Margarita Guzmán Arellano*

ESTA HISTORIA EMPEZÓ CON UN BALÓN

ALGUIEN HABÍA LLEVADO su nuevo balón de un vinil especial, como los profesionales. No había llovido y habían podido jugar muy bien.

Después del juego, el joven se quedó pensando sobre

el material con el que estaba elaborado el balón, y al consultar su diccionario encontró: "vinilo: nombre común del cloruro de polivinilo, plástico usado en la fabricación de pisos, cortinas de baño, forros de muebles, etcétera".

Consultó también el término "plástico" y halló que una de sus acepciones es "nombre de varios materiales sintéticos que sirven para hacer piezas moldeadas".

"¡Ah! —pensó—, entonces el vinilo es un plástico. Debe ser parecido a los que hay en mi casa: los juguetes de mis hermanos, mi cepillo de dientes, mi peine, la esponja con la que me baño, la jabonera, mi caja del almuerzo, mi portafolios, mi bolígrafo, la pasta y la espiral del trabajo engargolado que entregué, mis discos, mis *casets* y *videocasets,* el armazón y los lentes de mis anteojos. ¡Cuántos plásticos diferentes!"

El muchacho de pronto recordó que esa tarde debería acompañar dos horas a su abuela; se lo había pedido su mamá, ¡qué fastidio!, no podría ir al campo de futbol. Ojalá su abuelita estuviera de buen humor, le contara historias de su juventud y lo dejara ver las fotos y recuerdos que aún conservaba en su ropero.

Corrió con suerte y su abuela le enseñó sus peinetas, un peine, un cepillo y un broche de carey. Vio también un bastón del abuelo con puño de marfil, un pañuelo de seda para el cuello y recordó los cubiertos con mango de hueso que estaban en el comedor. Pensó también en el día que se metió a escondidas al sótano y encontró un montón de cosas viejas, entre ellas un teléfono que le llamó la atención, sobre todo porque era de un material negro, diferente al aparato de su casa.

De regreso se preguntaba por qué ya no se usaban esos materiales: carey, marfil, seda, hueso..., concluyó que todos han sido sustituidos por plásticos. Pero, ¿por qué?

El tema le interesó tanto que lo comentó con su profesor de química, quien lo hizo reflexionar acerca de las propiedades de todos esos materiales: todos son moldeables, aunque se presentan en diferentes formas: fibras, láminas, películas, bloques, espuma... Su consistencia también cambia: unos son más rígidos que otros, y algunos son muy elásticos. Hay los que dejan pasar la luz, otros son translúcidos y otros francamente opacos. Casi todos se queman, aunque el teflón es una excepción. Esto le hizo recordar cómo se ablandaba su portafolios cuando quedaba expuesto al sol, y su caja del almuerzo cuando se guarda en ella comida caliente. También pensó en el efecto del aire caliente sobre la película plástica con la que se envuelven los regalos y la comida del supermercado. Sin embargo, los mangos oscuros de las cacerolas de su mamá, que son de baquelita, no tienen ese cambio aunque se encuentren constantemente muy cerca del fuego.

El profesor le explicó que ese comportamiento permite clasificar a los plásticos como *termoplásticos* o *termofijos*. Los termoplásticos se ablandan con el calor pero recuperan su forma al enfriarse, es decir, se comportan de manera semejante a la mantequilla: caliente se funde pero fría vuelve a solidificarse. Por otra parte, los termofijos son lo suficientemente suaves como para moldearse con el calor la primera vez, pero una vez que se calientan se endurecen de manera permanente: un recalentamiento excesivo los puede descomponer, pero nunca se ablandarán. Se les puede considerar parecidos a los huevos: crudos fluyen, pero una vez cocidos se endurecen. La baquelita es un material termofijo.

Los plásticos han sustituido en muchos usos a otros materiales empleados desde hace mucho tiempo, como los metales, la madera, el vidrio, la lana y el algodón, porque presentan ventajas sobre ellos... son más ligeros, más resistentes a los impactos y a la intemperie, son moldeables y, en general, presentan un costo menor que los materiales a los que sustituyeron.

La diferencia está en el peso

Su profesor le recomendó un libro de química, en el que leyó que la materia está formada por átomos, los cuales se combinan en pequeños grupos llamados moléculas. Hay moléculas de peso bajo como la del hidrógeno, H_2, con un peso igual a dos unidades de masa atómica; el agua, H_2O, con peso molecular de 18, y el oxígeno, O_2, con peso de 16. Pero existen moléculas gigantes o "macromoléculas", con masa molecular de miles y a veces millones de unidades de masa atómica: a esas moléculas gigantes se les llama también *polímeros*.

En el libro decía que los polímeros, en su mayoría, están hechos de moléculas muy largas, parecidas a una cadena en la que el mismo eslabón se repite muchas veces. Cada eslabón estaría formado por un grupo de átomos al que se le llama *monómero* (recordó que su profesor de español le mencionó que *poli* es una raíz griega que significa "muchos", y *mono* es otra raíz que significa "uno"). Entonces un polímero está formado por un monómero que se repite muchas veces.

"¡Con razón los nombres de algunos plásticos que he escuchado suenan tan parecidos!, se dijo el chico. Polietileno (muchos monómeros de etileno), poliestireno (muchos monómeros de estireno), poliuretano, polipropileno, polivinilo, ¡vaya!"

El libro mencionaba que el químico alemán Hermann Staudinger (1885-1966) empleó el término *macromolécula* en 1920, al referirse a la estructura de materiales importantes de origen natural como la celulosa que está en el papel, el algodón y las harinas. El joven también encontró que están en ese caso las proteínas que forman las fibras de la carne, el pelo y la lana, la goma con que se fabrican los chicles, el hule de las llantas, la fibra del henequén y otros materiales mucho menos familiares para él como la seda y el lino, fibras con las que se fabrican telas, y el ámbar, que es la resina de un árbol. A todos ellos se les llama *polímeros naturales*, y proceden de seres vivos.

"¡Como quien dice, hay polímeros hasta en la sopa!", pensó.

Le llamó la atención que entre los objetos fabricados con polímeros, en su casa, había pocos de origen natural excepto los de papel, de hule, algún suéter de lana y alguna ropa de algodón. Preguntó más tarde a su profesor de dónde venían todos los otros plásticos. El maestro le explicó que eran materiales fabricados por el hombre, y reciben el nombre de *polímeros sintéticos*. En química una *síntesis* es la elaboración de una sustancia a partir de otras más simples, y en el caso de los polímeros se trata de la elaboración de moléculas gigantes a partir de sus monómeros. Pensó que eso era parecido a las veces en las que jugaba con los clips del escritorio de su papá, enganchándolos unos con otros hasta formar cadenas muy largas.

Tomó una caja de clips y empezó a jugar con ellos formando cadenas lineales. Luego trató de añadir otras que se enganchaban lateralmente para producir una especie de red, como había visto en el dibujo de uno de los libros que consultó. Cuando se las enseñó a su profesor, éste le dijo que había construido modelos que representaban, el primero, a los polímeros termoplásticos (como el polietileno) y el segundo a los termofijos (como la baquelita).

Los termoplásticos están formados por moléculas gigantes (como las cadenas de clips) que no tienen eslabones fuertes entre ellas, lo que permite que puedan ser calentadas y moldeadas una y otra vez. Por el contrario, los termofijos se caracterizan por el entrecruzamiento de largas cadenas que provoca que el material sea insoluble, que no se funda y que sea duro y rígido.

También se le ocurrió construir cadenas combinando clips diferentes, y su profesor le indicó que eso representa lo que se conoce como *copolímero,* en el que hay dos o más clases de monómeros diferentes (como el nailon).

Un plástico que salva elefantes y tortugas

Su profesor le comentó que el primer plástico fue el *celuloide,* y tuvo relación con los elefantes. Se desarrolló para sustituir al marfil que se usaba en las bolas de billar. En 1863 se presentó una escasez de marfil debido a la desaparición de las manadas de elefantes en África. Uno de los grandes manufactureros de bolas de billar ofreció una recompensa para la persona que consiguiera producir un material que sustituyera al marfil. John Wesley Hyatt (1837-1920), impresor e inventor de Nueva Jersey, empezó, junto con su hermano, a experimentar con diferentes materiales. En uno de esos experimentos Hyatt se cortó un dedo. Buscó en la alacena un poco de *colodión,* que se usaba en esa época para cubrir las heridas (el colodión es nitrato de celulosa disuelto en éter y alcohol, y forma una película impermeable que protege la herida y suprime la hemorragia). Para su sorpresa, se

FIGURA III.1. *Termoplástico.*

FIGURA III.2. *Plástico termofijo.*

FIGURA III.3. *Copolímero.*

encontró que la botella de colodión se había quedado abierta y se derramó su contenido; como el disolvente se evaporó, quedó sobre la alacena una capa endurecida de nitrato de celulosa. Hyatt pensó que este material podría servir para la elaboración del sustituto del marfil. Después de varios experimentos encontró que el nitrato de celulosa y el alcanfor, mezclados con alcohol, producían un plástico aparentemente adecuado para las bolas de billar. Años atrás, el inventor sueco Alfred Nobel (1933-1896) había preparado una gelatina explosiva combinando nitrato de celulosa con nitroglicerina. Aunque el alcanfor disminuyó considerablemente la naturaleza explosiva del nitrato de celulosa, las bolas de billar explotaban ocasionalmente.

Hyatt y su hermano patentaron el plástico en 1870 y le dieron el nombre de *celuloide*. En 1889 George Eastman desarrolló la película fotográfica y usó al celuloide como base, lo que garantizó las ventas de este material. El joven recordó lo que le contaron sus padres acerca de lo inflamable de las primeras películas fotográficas, y él tuvo noticia del terrible incendio de la Cineteca Nacional de la ciudad de México, en la década de los ochenta.

A fines del siglo XIX el plástico se hizo popular por su uso en cuellos y puños de camisas de hombre, el moldeado de placas dentales y la fabricación de dados, mangos de cuchillos, botones y plumas fuente. Sustituyó también al carey de la concha de tortuga en la manufactura de peines, peinetas, cepillos, abrecartas y demás. Se le puede reconocer por su característico olor a alcanfor, aunque actualmente ha sido sustituido por otros plásticos.

El muchacho se interesó por la historia del descubrimiento de otros polímeros y encontró algo sobre la celulosa, un polímero natural, que fue la base para la producción industrial de los primeros polímeros sintéticos (que en realidad se deben considerar semisintéticos). La celulosa se obtenía de residuos de algodón.

ABARATANDO EL LUJO

El libro que el chico consultó decía que el derrame de otra botella de colodión proporcionó la idea para producir el primer sustituto de la seda. El químico francés Louis Marie Hilaire de Chardonnet (1839-1924) fue ayudante del famoso científico Louis Pasteur (1822-1895) cuando este último trataba de salvar a la industria francesa de la seda de los estragos causados por una epidemia que afectaba a los gusanos que la producen.[1] Chardonnet estaba convencido de que un sustituto artificial de la seda sería muy benéfico. En 1878, trabajando en su cuarto oscuro de fotografía, derramó una botella de colodión. No limpió inmediatamente el derrame, y cuando lo hizo se topó con un líquido viscoso, producto de la evaporación del disolvente, que formó hebras largas y delgadas cuando lo limpió. Como las fibras eran tan parecidas a la seda, Chardonnet experimentó más con el colodión.

En los seis años siguientes al accidente inicial, Chardonnet produjo una seda artificial: obtuvo el colodión de una pulpa de hojas de morera (el alimento natural del gusano de seda) disuelta en éter y alcohol, extrajo filamentos de la fibra y los coaguló en aire caliente; la fibra estaba formada por nitrato de celulosa. La manufactura de ropa con el nuevo material sintético resultó un éxito en la exposición de 1891 en París, al grado de que el financiamiento se recuperó inmediatamente. La fibra se llamó seda

[1] Si quieres conocer más acerca de los descubrimientos de Louis Pasteur, puedes consultar "Sueño microbiano", de Agustín López-Munguía Canales en este volumen, y "La historia de la célula: un viaje hacia adentro", de Martín Bonfil Olivera, en *Estampas de la ciencia,* vol. 1.

artificial hasta 1924, cuando se le dio el nombre de *rayón*. También se trata de un polímero semisintético. En la actualidad hay una fibra llamada nuevo rayón que es químicamente diferente al nitrato de celulosa del rayón original, pero más semejante al algodón.

El muchacho recordó que ahora se fabrican numerosas prendas de vestir con rayón: camisas, blusas, vestidos.

NACIDO DE LA BASURA...

Cuando el joven leyó acerca de la baquelita encontró que fue el primer polímero totalmente sintético, es decir, la primera macromolécula obtenida a partir de moléculas pequeñas. La sintetizó el químico belga nacionalizado estadounidense Leo H. Baekeland (1863-1944), quien en 1907 trataba de sintetizar una laca artificial para sustituir al producto natural. La *goma laca* procede de las secreciones resinosas de un insecto originario del sudeste de Asia. Se necesitaban *ciento cincuenta mil insectos* para obtener, en seis meses, medio kilogramo del producto.

Para hallar un sustituto, Baekeland hizo reaccionar dos compuestos orgánicos: fenol (C_6H_5OH) y formaldehído ($CH_2 = O$), de acuerdo con la antigua fórmula de una resina reportada en 1871 por el químico alemán Adolf von Baeyer (1835-1917). Para Baeyer y otros químicos de fines del siglo XIX los productos resinosos eran indeseables, porque causaban gran cantidad de problemas en el material de vidrio: se adherían, eran insolubles y obstruían los tubos. Por ello trataban de evitar a toda costa la formación de las resinas, que aparentemente eran desechos carentes de utilidad.

Buscando intencionalmente aprovechar las propiedades de las resinas, indeseables para sus contemporáneos, de ser inalterables al paso del tiempo y resistentes al desgaste por el uso y las sustancias, Baekeland obtuvo un polímero termofijo de color oscuro. La baquelita todavía se emplea en las asas y mangos de los recipientes de cocina, en la fabricación de castañuelas, y (el joven la reconoció ahora) como el material del que estaba hecho el teléfono negro del desván de la abuela.

A partir de este polímero se inició la investigación que desembocó en la identificación de las estructuras moleculares de estos materiales. Pronto los químicos aprendieron a identificarlas por la longitud y el tipo de encadenamiento de sus moléculas. Descubrieron que se diferencian de las moléculas pequeñas principalmente por su peso. Esto permitió que, después de 1920, se diera un alud de investigaciones que desembocó en la fabricación masiva de polímeros totalmente sintéticos. Pero a pesar de ello, el proceso patentado por Baekeland es fundamentalmente el mismo que se usa en la actualidad.

Un hilito que llegó a volar

Siguió leyendo y encontró que en 1928 Wallace Hume Carothers (1896-1937), químico estadounidense egresado de la Universidad de Harvard, entró a trabajar a la gran compañía química Du Pont para encabezar un grupo de investigación que tenía como objetivo estudiar la composición de los polímeros naturales (celulosa, seda y hule) para, posteriormente, sintetizar otros con propiedades semejantes.

Hacia 1934, el grupo había obtenido conocimientos importantes en el área, pero no había logrado sintetizar ningún material que sustituyera a la seda. Había preparado antes de esa fecha el *nailon*, una poliamida:

$$[-NH-(CH_2)_6-NH-CO-(CH_2)_4-CO-]_n$$

Como no le notaron propiedades particularmente interesantes, sin patentar la guardaron en el almacén. Trabajaron entonces con otros materiales, los poliésteres, que eran más fáciles de manejar en el laboratorio:

$$[-O-CO-(C_6H_6)-CO-O-CH_2-CH_2-O-CO-(C_6H_6)-CO-O-CH_2-CH_2-O-]$$

Una vez, trabajando con uno de ellos, el químico estadounidense Julian Hill (nacido en 1904) observó que al tomar una pequeña porción del material con el extremo de una varilla de vidrio y jalarlo, sacaba de la masa un filamento que se extendía con una apariencia sedosa. Eso llamó su atención y posteriormente, con sus compañeros, probó qué tanto podían alargarlo: bajaron del laboratorio siguiendo por el pasillo y obtuvieron un filamento sedoso, muy delgado y resistente.

Debido a que los poliésteres con los que estaban trabajando presentaban puntos de fusión muy bajos como para poder usarse como fibras textiles, retomaron las poliamidas (nailon) que habían guardado y encontraron que también podían extraer, en frío, fibras con la suficiente resistencia para usarse en materiales textiles.

Fue así como este proceso, descubierto accidentalmente, condujo al producto más importante que Du Pont haya puesto en el mercado: el nailon.

Un hecho trágico marcó este éxito científico: Carothers se suicidó en 1937, después de haber formulado el nailon, y no se enteró de la importancia del producto. Fue en 1939, durante la feria mundial celebrada en Nueva York, cuando se manifestó el éxito de la nueva seda sintética; ahí se exhibió un letrero enorme que decía: "El nailon, la seda sintética producida a partir de carbón, aire y agua."

Con el nailon se fabricaron medias para mujer, que antes se elaboraban con seda, y cuando se ofrecieron a la venta por primera vez, el 15 de mayo de 1940, se vendieron cuatro millones de pares en las primeras horas. Sin embargo, esas ventas no se mantuvieron por mucho tiempo: la segunda Guerra Mundial había iniciado y el nailon servía para fabricar paracaídas, sustituyendo también a la seda. Incluso se realizaron colectas, entre las mujeres que habían adquirido medias de nailon, para que las donaran y así dedicarlas a la fabricación de paracaídas.

La suerte llama dos veces

El chico encontró que el descubrimiento del polietileno se debió a químicos ingleses que trabajaban en la empresa química ICI (Imperial Chemicals Industries, o Industrias Químicas Imperiales), donde se obtuvo accidentalmente y se desarrolló para usarse en la guerra.

Los químicos R. O. Gibson y E. W. Fawcett estaban probando en 1933 la reacción entre dos compuestos orgánicos, etileno y benzaldehído, a presiones muy elevadas. Al final del experimento notaron que las paredes del recipiente de la reacción estaban cubiertas por una capa muy delgada de un sólido blanco semejante a la cera. El sólido se identificó como un polímero del etileno, pero al repetir el experimento usando sólo etileno, éste se descompuso con gran violencia.

En 1935 se llevaron a cabo nuevos experimentos con etileno ($CH_2 = CH_2$), en otras condiciones. Cuando se llegaba a una temperatura de 180 grados Celsius la presión caía en forma dramática, lo que obligaba a que se bombeara más etileno; cuando se abrió el recipiente de la reacción se encontró un polvo blanco: el polietileno de baja densidad. La caída dramática de la presión fue originada por una fuga en una de las uniones del aparato; el éxito del experimento residió en la adición de más etileno al recipiente para sustituir al que se había escapado. Ese etileno contenía, por suerte, la cantidad de oxígeno necesaria para acelerar la formación del polímero.

El polietileno se usó inicialmente para fabricar cubierta aislante para cable telefónico y telegráfico subacuático. Durante la guerra sirvió para aislar el equipo de radar terrestre y aéreo. Al igual que el teflón, el polietileno fue poco conocido por el grueso de la población antes de la segunda Guerra Mundial.

Es curioso que el polietileno de baja densidad (cuyas moléculas forman cadenas con ramificaciones) se obtuvo gracias a una fuga de gas en el equipo empleado, mientras que el polietileno de alta densidad (con cadenas lineales, no ramificadas) se produjo porque se usó equipo que no se había limpiado escrupulosamente.

Buscando la manera de obtener polietileno en condiciones menos drásticas de presión y temperatura, el químico alemán Karl Ziegler (1898-1973) usó en 1953 un equipo que contenía pequeñas cantidades de un compuesto de níquel (de un experimento anterior). Ello lo llevó a descubrir la existencia de sustancias que influyen en la velocidad de una reacción química, llamadas *catalizadores*, que permitían obtener el polímero a presión atmosférica y temperatura ambiente. El mejor catalizador estaba formado por cloruro de titanio y cloruro de aluminio. El italiano Giulio Natta (1903-1979) usó los catalizadores descubiertos por Ziegler para polimerizar el propileno y obtener polipropileno de alta densidad. Ambos investigadores obtuvieron por esos trabajos el premio Nobel de química en 1963.

El joven tenía curiosidad por saber algo sobre el teflón. Encontró que es el nombre comercial del politetrafluoroetileno, cuyo monómero es un compuesto orgánico halogenado, el tetrafluoroetileno ($F_2C = CF_2$), producido por la compañía Du Pont. También fue descubierto por accidente.

El 6 de abril de 1938 Roy J. Plunkett (nacido en 1910), químico de la Du Pont, pensaba preparar un refrigerante, para lo cual abrió un tanque que contenía tetrafluoroetileno gaseoso. Pero, ¡sorpresa!: no salió gas. Plunkett no podía entender qué había pasado, porque el peso del tanque indicaba que estaba lleno. En lugar de desechar ese tanque y conseguir otro, decidió satisfacer su curiosidad. Abrió el tanque y encontró un polvo blanco untuoso: las moléculas del tetrafluoroetileno se habían polimerizado.

El nuevo polímero resultó ser un plástico extremadamente inerte, como la arena, que no era atacado por ácidos ni bases fuertes; tampoco lo afectaba el calor, y no existía disolvente para él. A diferencia de la arena, era extremadamente resbaloso, ya que se resistía a formar enlaces, incluso temporales, con otras moléculas: nada se le adhería. Cualquier material se le resbala con tal facilidad que se han fabricado telas de teflón con fines de demostración, para usarse en vez de hielo en una pista de patinaje.

La producción de este polímero resultaba muy costosa y, de no haber sido por la guerra, se hubiera quedado guardado en el almacén de la compañía Du Pont. Pero los científicos que produjeron la primera bomba atómica necesitaban un material que pudiera resistir el ataque de un gas muy corrosivo, el hexafluoruro de uranio, sustancia indispensable para fabricar esta arma. Se usaron válvulas de teflón, que resistieron el ataque del gas, y la bomba pudo ser fabricada. Fue hasta después de 1960 que el polímero apareció en el mercado como recubrimiento de utensilios de cocina, para evitar que los alimentos se pegaran al cocinar sin aceite.

Posteriormente, y debido a que el teflón no es rechazado por el cuerpo humano, se ha utilizado para elaborar marcapasos, válvulas del corazón, tráqueas artificiales y tendones, y para sustituir la córnea, los huesos del mentón, nariz y cadera y las articulaciones de la rodilla.

Se ha usado también para recubrir los trajes espaciales. Este material aislante permitió que sus cables eléctricos resistieran la fuerte radiación solar que incide sobre la Luna. Los escudos que protegen del calor a las naves espaciales también están hechos de teflón.

Un gas que cambió la forma de jugar futbol

Siempre teniendo en mente al vinilo del balón de futbol, leyó que el *cloruro de polivinilo* (PVC) es un compuesto cuya estructura es parecida a la del polietileno. El monómero, un compuesto orgánico halogenado llamado cloruro de vinilo ($CH_2 = CHCl$), es un gas y difiere del etileno porque tiene un átomo de cloro en lugar de uno de los hidrógenos del etileno. Posiblemente es uno de los materiales más usados en todo el mundo, y también uno de los más importantes desde el punto de vista industrial. También es el plástico más barato y posiblemente el más versátil: se usa en la producción de tubos, discos de computadora, aislantes para alambres y cables, empaques de alimentos, cubiertas para los asientos de los coches, cortinas de baño, balones, etcétera.

Se encuentra entre los primeros plásticos que se produjeron comercialmente a principios de los años treinta, y posiblemente fue el primer polímero sintético. La primera vez que se obtuvo fue accidentalmente. En 1838 un químico francés, Victor Regnault (1810-1878), describió la formación de un polvo blanco cuando los tubos de vidrio que contenían cloruro de vinilo líquido fueron expuestos a la luz del sol. En 1872 el químico alemán Eugen Baumann (1846-1896) reportó la conversión del cloruro de vinilo en una masa sólida blanca "que no era afectada por los disolventes ni los ácidos". El significado de esta observación no se reconoció de inmediato, y su desarrollo comercial sólo se dio después de que se usaron métodos de catálisis para lograr la polimerización.

"¡No entiendo!, pensó el muchacho. Si mi tío, que sabe mucho de futbol, me dijo que se juega tal como lo conocemos desde 1823, y ahora sé que el PVC se produce comercialmente desde 1930. ¿De qué eran los balones y pelotas antes?" En la clase de historia le dijeron que los mexicanos prehispánicos tenían un juego ritual de pelota. "¿De qué material era esa pelota? Voy a preguntarle a mi tío."

Su tío le dijo que la pelota prehispánica era de hule obtenido del látex, líquido lechoso extraído de un árbol originario de América, y que en la actualidad se producen hules sintéticos. Le contó, además, que cuando él era joven jugaba futbol con un balón hecho de cuero, que era muy durable, pero tenía como desventaja su peso, sobre todo cuando se mojaba. En cambio ahora, con los balones de polivinilo, que son mucho más ligeros, hasta la técnica del futbol cambió: al de cuero había que pegarle con la punta del zapato, dotada de una protección, mientras que al de vinilo se le puede pegar con el empeine del pie y darle efecto al movimiento del balón.

—¡El plástico cambió la técnica del futbol! —exclamó el joven, sorprendido.

—Sí —contestó su tío—, y muchos otros aspectos de la vida moderna.

El chico, después de todo lo que había leído, pensó que casi todos los descubrimientos de polímeros eran accidentales: el colodión derramado en la alacena de Hyatt y en el cuarto oscuro de fotografía de Chardonnet; el equipo con una fuga de gas de los químicos de la ICI, y el equipo de Ziegler, que no había sido limpiado escrupulosamente. Hasta consideró que los científicos eran desordenados y poco cuidadosos. ¡Pero a ellos esto les daba buenos resultados, mientras que a él lo regañaban en la escuela y en su casa!

Cuando comentó esto con su profesor, él le explicó que todos los casos que le mencionaba eran ejemplos de serendipia.

—¿Seren... qué? —preguntó, y el profesor, tomando una revista llamada *Contactos*, leyó un fragmento de un artículo sobre el tema:

> Serendipia: un descubrimiento fortuito y feliz o una observación de la cual fluyen posteriormente muchos desarrollos importantes. Presenta una cualidad especial: sólo es importante cuando el descubridor o el observador reconoce, en un chispazo de intuición, que está ante la presencia de algo que requiere una explicación posterior y después dedica sus esfuerzos a explorarlo, aplicarlo y difundirlo.

Así, Plunkett no estaba tras la búsqueda de la polimerización del tetrafluoroetileno para obtener teflón: fue una casualidad. De esa observación se derivaron aplicaciones posteriores muy importantes: la fabricación de la bomba atómica y de partes artificiales del cuerpo humano.

También leyó otra cita de un libro llamado *Serendipia:*

> Los inventos importantes no son sólo accidentales. La mayor parte de la gente común supone, erróneamente, que lo son, y la comu-

> nidad técnica y la científica han hecho poco para cambiar esa opinión [...] Si la mente no se encuentra preparada previamente, el chispazo proverbial del genio posiblemente no encontraría qué encender.

Un accidente es sólo accidente hasta que le sucede a la persona adecuada: entonces se convierte en un descubrimiento. El profesor le hizo notar, como aclaración, que aunque el PVC se obtuvo por accidente desde 1838, el desarrollo comercial y científico del polímero sólo se pudo alcanzar cien años después, es decir, Regnault no tuvo la visión ni los conocimientos para darse cuenta de la importancia de su descubrimiento. En cierta forma, no era la persona adecuada.

El profesor citó después un pensamiento de Louis Pasteur: "En los campos de la observación, la suerte favorece sólo a las mentes preparadas."

SACANDO PLÁSTICOS DEL SOMBRERO

El joven leyó en un libro de polímeros que le prestó su profesor que actualmente los químicos ya son capaces de producir plásticos casi a la medida de sus deseos: los que resisten sin cambio muy altas o muy bajas temperaturas, los que son tan transparentes como el vidrio pero resisten el impacto de las balas, los que conducen corriente eléctrica, los adhesivos que pegan piezas de metal con las que se construye una grúa o las fibras textiles en que difícilmente puede distinguirse entre el material natural y el sintético. Para mejorar las propiedades deseadas en el polímero, se le agregan al monómero sustancias llamadas *plastificantes.*

Asombrándose, el muchacho se preguntó: "¿Qué permitió este grado de desarrollo tecnológico?"

En diálogo con su profesor, el joven identificó varias etapas en este largo proceso:

1) En la primera mitad del siglo XIX se reportaron sustancias formadas accidentalmente a partir de compuestos orgánicos, que se caracterizaban por ser poco reactivas, casi inertes y moldeables. Ése fue el caso del polivinilo.

2) En la segunda mitad del siglo XIX se trabajó con polímeros naturales, principalmente celulosa, transformándolos en polímeros semisintéticos como el celuloide y el rayón. Se obtuvo experiencia en el manejo de las propiedades de las nuevas sustancias, pero no se conoció su estructura a nivel molecular: se trabajó empíricamente por prueba y error.

3) A principios del siglo XX Baekeland dio un gran paso al producir el primer polímero totalmente artificial: la baquelita. Ésta fue la semilla de la que surgió una gigantesca industria química que propició la formación de grupos de investigadores y sirvió de base para la moderna ciencia de los plásticos.

4) Después de Baekeland, se desarrolló una nueva rama de la química que avanzó aceleradamente a partir de 1920, cuando Staudinger estableció el modelo teórico que explicó esta clase especial de materia: las macromoléculas, y relacionó el peso molecular de las cadenas con la viscosidad del material. El establecimiento del modelo fue posible gracias al uso de la técnica de difracción de rayos X, que permitió conocer la disposición de los átomos dentro de las moléculas, y al desarrollo de la parte matemática, que reveló por qué los átomos adoptan una estructura particular dentro de la molécula. La propuesta de Staudinger fue revolucionaria, y no fue aceptada de inmediato por la comunidad científica, que consideraba a los polímeros como agregados de moléculas pequeñas sin enlaces verdaderos entre ellas. Es por eso que a este investigador sólo se le otorgó el premio Nobel en 1953, treinta y tres años después.

Las dos guerras mundiales, en el siglo XX, aceleraron intensamente el ritmo del progreso técnico y de la ciencia misma.

Como suele suceder en ciencia, primero se obtuvieron resultados experimentales, aunque nadie los comprendiera del todo. En el momento en que se estableció la teoría fue posible predecir no sólo cuáles productos se podrían obtener, sino también las dificultades que posiblemente se encontrarían en la síntesis y, lo más sorprendente, las propiedades que tendría el nuevo producto.

Desde ese momento los plásticos se producen como por arte de magia.

El que la hace... la paga

—¡Qué bueno que se descubrieron los plásticos! —dijo el chico—. Sirvieron para salvar especies en extinción, abatieron los costos de las materias primas y desempeñaron un papel importante en las dos guerras mundiales. Además, al ser sintéticos, permitieron la conservación de materiales naturales como la madera de los árboles, los metales, el hule, etcétera.

Se sorprendió cuando el profesor le dijo:

—No seas tan optimista: la materia prima para producir gran parte de los materiales sintéticos es el petróleo, que es un recurso no renovable. —Y le mostró un cuadro (cuadro III.1).

El profesor le explicó que en México la fabricación de plásticos se inició en 1950, al instalarse la primera planta polimerizadora de estireno. En 1953 empezaron dos plan-

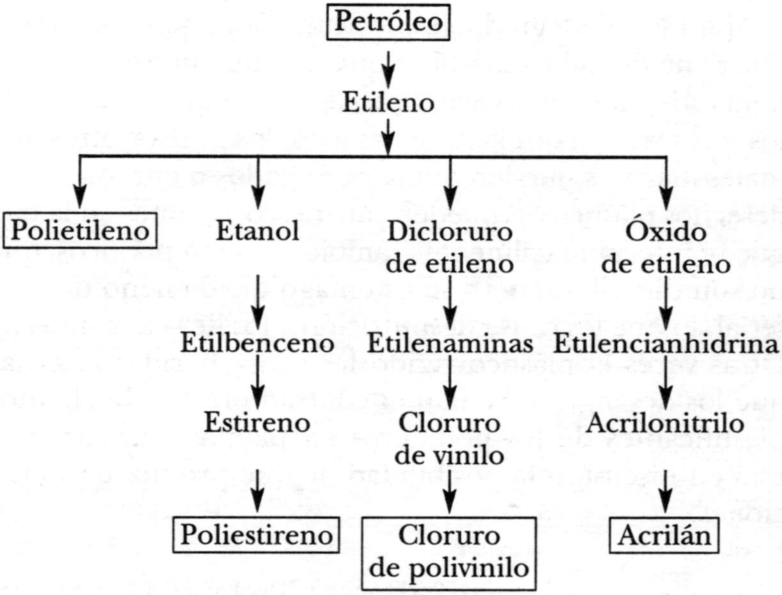

CUADRO III.1. *Brock, W. H.,* The Norton History of Chemistry, *Norton & Company, Inc. EUA, 1993, p. 651.*

tas fabricantes de PVC (polivinilo), una en Monterrey y otra en el Distrito Federal. Antes de esos años todo el plástico se importaba. En 1960 se empezaron a producir moldes y equipo auxiliar, así como monómeros. En 1966 se fabricó polietileno de baja densidad. Actualmente el PVC y el poliéster se exportan. Para casi todos los monómeros, la materia prima es el petróleo.

—Además —dijo el profesor—, las mismas propiedades que hacen deseables a los polímeros, como su durabilidad, poca reactividad, diversidad y bajo costo, provocan que sea difícil desecharlos y reprocesarlos. Los plásticos en su mayoría son prácticamente inmunes a la degradación biológica (los organismos desintegradores, como bacterias y hongos, no pueden romper sus moléculas para utilizarlas como alimento).

Al no ser biodegradables, se acumulan y generan "montañas" de desechos plásticos que, aunque no se les considera estrictamente tóxicos, interfieren con los procesos de los seres vivos. Por ejemplo, las aves, los peces y otros animales marinos pueden quedar atrapados o enredados en desechos plásticos, o pueden sufrir escoriaciones en la piel que se infectan fácilmente. También comen plásticos, que no son digeribles, pero su estómago queda lleno del material, lo que les causa desnutrición y los lleva a la muerte. Otras veces el plástico rígido les causa heridas internas que los desangran. Se han encontrado restos de algunos plastificantes de los polímeros en plantas y animales; y está en discusión la posibilidad de que produzcan mutaciones.

Intentando "desfacer entuertos"

Con los problemas que comentó con su profesor, el joven se explicó la campaña iniciada en su escuela para separar la basura en cuatro recipientes ¡Y pensar que le fastidiaba tanto seleccionar en qué recipiente debía depositar cada uno de los diferentes materiales: papel, plástico, vidrio y desechos de comida! Como parte de la campaña, en la escuela hubo una conferencia.

Ahí se enteró de que en la naturaleza se dan procesos cíclicos en los que los desechos son reutilizados. Por ejemplo, en una planta, las hojas y ramas secas que caen al suelo sirven como abono para la planta que les dio origen y para las cercanas a ella, que las transforman nuevamente en materia viva. Por el contrario, el hombre establece procesos lineales en los que en cada etapa se producen desechos que se acumulan y no se reutilizan (figura III.4).

Una solución al problema de la acumulación de desechos sólidos sería imitar de nuevo a la naturaleza, establegerador, las cubiertas de teflón de las cacerolas, las bolsas del supermercado y de la basura, las escobas, la cubeta, los lazos para tender la ropa, la manguera del jardín, los platos, vasos y cubiertos desechables, las bolsas de mano, las tarjetas de crédito, todos los balones, el aparato del teléfono, muchas piezas de los coches o de los aviones, y algunas partes artificiales del cuerpo humano, como las prótesis para sustituir huesos y válvulas del corazón que colocan los cirujanos durante las operaciones, son de plástico.

La versatilidad de las propiedades de los plásticos ha permitido su aplicación en campos tan distintos como la medicina, la ingeniería, las comunicaciones, la industria textil, la industria automotriz y, desde luego, en la vida cotidiana.

Inicialmente, en el siglo XIX, los químicos los consideraban materiales indeseables y trataban de evitar que se formaran. Luego surgieron para sustituir materiales naturales: la seda fue sustituida primero por el rayón, y luego por el nailon; el carey de las tortugas y el marfil de los elefantes cedió paso al celuloide; el cuero de los animales se cambió por el vinilo, y la madera por el polietileno. Su producción se hizo masiva por diversas razones: por una parte se trataba de preservar especies en peligro de extinción como elefantes y tortugas; en otros casos, como el de la seda, la causa fue el peligro que representaban las plagas que amenazaban con la extinción del gusano de seda. La guerra propició la investigación y el desarrollo de la industria de los plásticos para fabricar materiales bélicos.

"¡Qué contradicción!, pensó. Siempre había creído que las guerras sólo ocasionaban destrucción y muerte."

Como todo desarrollo científico, el de los plásticos tiene ventajas y desventajas, lo que hace necesario establecer un equilibrio entre la producción y los desechos. Actualmente se están buscando nuevas soluciones, y el reciclado es una de ellas.

Respecto a cómo se ha hecho la ciencia, tomó como ejemplo la historia del PVC (el material del que estaba hecho el balón de futbol):

Como resultado del avance de la química, había una gran cantidad de investigadores trabajando con sustancias orgánicas (compuestos formados por un esqueleto de carbono además de hidrógeno, oxígeno, nitrógeno y halógenos). Esto constituye un cuerpo de conocimientos.

Desde 1838, Regnault reportó observaciones de la existencia del cloruro de polivinilo; en 1872 se describieron algunas de sus propiedades. Paralelamente se desarrollaron trabajos experimentales con polímeros diferentes, lo que permitió acumular en esta área un acervo de conocimientos empíricos (basados en la experiencia). Este lapso puede considerarse la etapa de observación de una serie de fenómenos.

En 1920, Staudinger propuso una hipótesis revolucionaria: la existencia de macromoléculas, tanto en materiales naturales como en los sintéticos.

Después de 1924, con el desarrollo de la técnica de rayos X y el uso de modelos matemáticos, la hipótesis de Staudiger se confirmó y pasó a formar parte de la teoría química. Ello permitió hacer predicciones y llevó, en la década de los treinta, al inicio de la producción a gran escala no sólo del PVC sino de muchos otros polímeros.

A lo largo del proceso descrito fue frecuente encontrar situaciones accidentales en las que el azar, aunado a la sagacidad y al conocimiento del investigador, permitió el descubrimiento y aplicación de nuevos polímeros. A este tipo de descubrimientos científicos se le llama serendipia.

Para comprender mejor lo anterior, su profesor le sugirió esquematizarlo en la siguiente forma:

Cuerpo de conocimientos	Química orgánica
	↓
Observación	Reportes de los primeros polímeros Estudios empíricos
	↓
Hipótesis	Los polímeros están formados por macromoléculas
	↓
Comprobación de la hipótesis	Comprobación experimental: rayos X, modelos materiales Comprobación teórica: modelos matemáticos
	↓
Incorporación a la teoría	Teoría de las macromoléculas

CUADRO III.2. *Polímeros.*

El profesor lo animó para que intentara construir esquemas semejantes alrededor de procesos específicos de otras ramas de la ciencia.

—Ahora sí ya sé "toditito" acerca de los polímeros sintéticos —dijo el chico.

—Con calma —contestó el profesor—. Es cierto que has adquirido una visión general; observaste el conjunto, el "bosque", pero el campo es mucho más extenso y profundo. Por ejemplo, no te has informado aún de los diferentes procesos que existen para producir polímeros, de las variadas sustancias que se les añaden a los monómeros para mejorar sus propiedades, etcétera. Tampoco te enteraste del desarrollo de otros polímeros sintéticos como los hules, adhesivos, otras fibras, y demás. Es decir, te faltaría examinar con detalle todos y cada uno de los "árboles" que pueblan el "bosque". Para ello podrías revisar más bibliografía sobre el tema.

—Además —continuó el profesor—, como la ciencia está en movimiento continuo, en este momento sería prácticamente imposible manejar todo el conocimiento existente, aunque fuese sólo de un área muy particular. Tu curiosidad respecto al material del que está fabricado el balón de futbol inició en ti un encadenamiento de preguntas: ¿por qué algunos plásticos se ablandan con el calor y otros no?, ¿por qué los plásticos sintéticos sustituyeron a los materiales naturales? ¿Por qué en algunas circunstancias (aparentemente de desorden) se obtuvieron resultados positivos? Preguntas para las que ahora tienes respuestas.

—Pero lo más importante de todo —añadió con una sonrisa— es que has experimentado un proceso semejante al que dio origen a la ciencia. En términos muy sencillos, puedes considerar que la ciencia nació de la curiosidad del hombre por conocer todo lo que le rodea (incluyéndose él mismo), con la finalidad de explicar los innumerables porqués que presenta el mundo que nos rodea.

El chico también sonrió, sabiendo que lo que decía el profesor era muy acertado. De ahora en adelante, la puerta que se había abierto para él hacia el mundo del conocimiento ya no volvería a cerrarse.

Bibliografía

Asimov, Isaac, *Breve historia de la química*, Alianza, México, 1989.

Brown, Theodore L., y Eugene Lemar, *Química. La ciencia central*, Prentice Hall Hispanoamericana, México, 1992.

Chang, Raymond, *Química*, McGraw-Hill, 4ª. ed., México, 1992.

Fernández Flores, Rafael (comp.), *La química en la sociedad*, Facultad de Química, UNAM, México, 1994.

Flory, Paul, en Roberts, M. R., *Serendipia. Descubrimientos accidentales en la ciencia*, Alianza, Madrid, 1989.

Gutiérrez Ruiz, Margarita Eugenia, "Propuesta de un modelo para el manejo integral de los residuos sólidos y peligrosos", en *Manejo integral de residuos industriales mezclados con domésticos*, Logiciels, México, 1994.

Garritz, Andoni, y José Antonio Chamizo, *Química*, Addison-Wesley Iberoamericana, 1994.

Herman, Mark F., *Moléculas gigantes*, Time-Life colección científica, México, 1979.

Roberts M., Royston, *Serendipia. Descubrimientos accidentales en la ciencia*, Alianza, España, 1989.

Rosales Rivera, Georgina, y Luz Margarita Guzmán Arellano, "Serendipia. Descubrimiento por accidente o ¿Un golpe de suerte lo decide todo?", *Contactos*, núm. 17, 1996, p. 33.

Tyler, Miller G., Jr., *Ecología y medio ambiente*, Grupo Editorial Iberoamérica, México, 1994.

IV. El camino de Sofía

Francisco Javier Casillas Gómez

En medio del bullicio general, Sofía atravesaba el estrecho y a veces oscuro corredor de la preparatoria en busca de sus compañeros, para realizar un trabajo en equipo. Era la hora de la salida de clases. Primero encontró a Tomás y más tarde a Verónica, quien conversaba con Ulises.

Una vez juntos, Sofía preguntó a sus compañeros sus opiniones sobre cómo iban a organizarse para realizar el trabajo que debían entregar la semana siguiente.

Tras algunos minutos de deliberaciones, Ulises estableció:

—¡Ya sé!, nos vamos a la cafetería de doña Lucha,

comemos algo y ahí mismo damos cada uno nuestros comentarios sobre la conferencia de educación sexual. Después, si les parece, nos vamos al planetario de Zacatenco para realizar la visita que nos pidió el profe Díaz Mirón.

—¡Sale! —dijeron al unísono los demás.

Al ir caminando rumbo a la cafetería, Verónica preguntó a sus compañeros:

—¿Ustedes creen que el profesor Díaz Mirón sea descendiente del poeta que se apellidaba igual?

Tomás, siempre con chispa, contestó:

—Pues quién sabe si descienda o no del bardo, lo que sí sé es que le hace honor a su apellido, porque le encanta la astronomía.

Verónica, sorprendida, preguntó el porqué, con lo que dio pie a que Tomás iniciara su explicación:

—Los días dependen de la rotación del planeta y todo buen astrónomo es un buen Mirón.

—¡Querrás decir observador! —terció Sofía.

—¿Pues cuál es la diferencia, mi querida Chofis? —replicó Tomás.

Sofía, con la paciencia que la caracterizaba, le respondió:

—Existe una gran diferencia entre el ver, el mirar y el observar. Todos los días vemos infinidad de objetos, de personas, lugares, etcétera, pero no lo hacemos con detenimiento. Sólo los percibimos a nivel sensorial.

Hizo una pausa para ver si sus amigos estaban atentos a sus palabras y continuó:

—Al *mirar*, nosotros vemos algo con atención; prendemos nuestro "foco" de concentración para ver con mayor atención el objeto o sujeto que nos interesa. Al *observar* no sólo vemos con atención, sino que nos preguntamos los porqués, los cuándos, los cómos; en una palabra, tratamos de *digerir* lo que hemos visto.

—Por ejemplo —continuó, ante los rostros de interés de

su auditorio—, cuando vas a una tienda de discos, si no tienes en mente comprar nada en especial, sólo llegas a *ver* qué novedades tienen en el ámbito musical. Tan es así que si te encuentras a algún conocido y te pregunta qué estás haciendo, la mayoría de los chavos responden "¡aquí, echando un ojo!" Pero si ves algo que te llama la atención —puede ser tu canción favorita o tu grupo o cantante preferido—, entonces lo *miras*, es decir, le dedicas más tiempo, atención y concentración a los temas del disco, a la portada y a todo aquello que sea de tu interés. Y puede llegar un momento en que te cuestiones y relaciones algunos detalles de ese disco en especial, si es que deseas comprarlo: por ejemplo, si conoces o no las canciones, si no tienes temas repetidos en otros discos, si la grabación fue en vivo o en un estudio, etcétera. En ese momento ya estás *observando* dicho disco.

Ulises intervino:

—¿Podemos decir que al ver sólo percibimos lo que está a nuestro alcance sensorialmente, pero sin prestar mayor atención, es decir que no nos permea? En cambio al mirar, además de ver pones atención, es como si tomaras una fotografía. Y al observar, finalmente, es como si esa fotografía la analizaras, la relacionaras y sacaras tus deducciones sobre dónde fue tomada, si fue a contraluz, si está movida, etcétera.

Verónica se volvió hacia Tomás para decirle:

—¿Cómo te quedó el ojo? Ahora los puedes usar no sólo para ver, sino también para mirar y para observar.

Al llegar a la cafetería de doña Lucha se encontraron al profesor de química platicando con el profesor Díaz Mirón. Una vez que los saludaron se sentaron en la mesa contigua.

—¿Cómo han estado, muchachos? —inquirió el profesor Díaz Mirón.

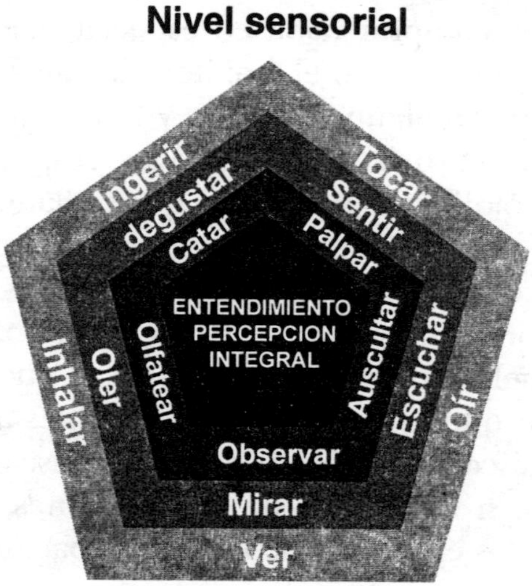

FIGURA IV.1. *Percepción, observación y entendimiento.*

—Muy bien —respondieron al unísono, y como Sofía nunca se guardaba las cosas, le comentó:

—Veníamos hablando de usted.

—No me digan. ¿Bien o mal?

—Ni lo uno ni lo otro, sino todo lo contrario —respondió Tomás.

Cuando Sofía le relató la duda sobre su parentesco con el poeta Salvador Díaz Mirón, el profesor les aclaró que se trataba sólo de un caso de homonimia.

Ulises le platicó la puntada de Tomás con referencia a la analogía entre la astronomía y sus apellidos, con lo que todos rieron de buena gana y, aprovechando el momento, Tomás continuó con la broma al preguntarle al profesor si su esposa se apellidaba Luna.

—No —sonrió el profesor—, yo no me conformo con un satélite; mi esposa se llama Soledad, pero le decimos Sol.

Las risas no se hicieron esperar.

Retomando el tema, el profesor Díaz Mirón se dirigió a su colega de química, preguntándole si de casualidad su segundo nombre no era Helio o si tenía por apellido Valencia.

Después de las bromas, los muchachos recibieron las cartas del menú, que les entregó doña Lucha.

—¿Vas a ver, mirar u observar el menú? —preguntó Ulises a Tomás, quien contestó:

—Es tanta mi hambre que no tengo tiempo de observarla, tan sólo la miraré para poner atención a lo que voy a pedir.

Se hizo el silencio mientras los muchachos miraban detenidamente el menú, hasta que Sofía los interrumpió para conocer lo que iban a pedir.

—Yo quiero una ensalada de verduras y una nieve de zapote —dijo Verónica.

Ulises solicitó una torta compuesta con mucho aguacate, frijoles y jitomate, además de bastante queso y jamón.

—Y yo, como estamos muy científicos —dijo Tomás—, pediré unos tamales oaxaqueños para que doña Sofía nos ilustre con las aportaciones de la ciencia mexicana de lo que es ta-mal.

El profesor de química no pudo sustraerse al comentario de doble sentido de Tomás, por lo que intervino en la conversación para decirle:

—Joven Tomás, tu chispeante comentario pone en aprietos a Sofía y al resto de tus compañeros, por lo que sin querer ser metiche, aprovecho para hacer algunas observaciones. En sentido figurado preguntas ¿qué es lo que está mal de la ciencia en México? Te diré que hay muchos aspectos por resolver, pero día con día tenemos más logros que debemos difundir, también debemos de estar orgullosos de las contribuciones de los mexicanos en el ámbito de la ciencia, pero también muy al pendiente de todo el trabajo que nos falta para ser mejores. Para ejemplificar, tomaré en sentido literal tu cuestionamiento sobre las aportaciones del tamal a la ciencia. Les diré que en 1770 el mexicano José Antonio Alzate[1] (1737-1799) presentó en la Academia de Ciencias de París una ponencia sobre la olla de tamales utilizada por los antiguos mexicanos, lo que le valió ser admitido en dicha academia dos años antes que Benjamin Franklin. Con ello se convirtió en el primer nativo de América en ser admitido en tan prestigiosa institución. Diez años después, en 1780, el francés Careme inventó la vaporera basándose en los principios expuestos por Alzate al describir la olla de tamales utilizada por los aztecas.

"Como Alzate, hay una gran cantidad de mexicanos que han aportado valiosas colaboraciones a la ciencia, por ejemplo el médico, astrónomo, matemático y químico José Ignacio Bartolache (1739-1790), quien publicó en México la primera revista científica de América en 1772. Se llamaba *El Mercurio Volante*, y estaba dedicada primordialmente al área médica, aunque también tocaba temas de alimentación, como los experimentos y observaciones de Alzate sobre el pulque blanco. También nos legó una excelente bitácora de todos los pasos seguidos en sus investigaciones.

"No tenemos más que observar a nuestro alrededor y encontraremos respuestas que nos da la ciencia sobre los objetos, sujetos y fenómenos que nos rodean, y también grandes aportaciones de nuestro país a la ciencia y la tecnología. El *jersey* de los 'cuarentaynueves' de San Francisco que trae puesto Ulises, por ejemplo, es de color rojo grana; este color fue desarrollado por los antiguos mexica-

[1] Para conocer algo más de la vida de Alzate, puedes leer "Salud, ciencia y sociedad: un ejemplo de tenacidad", de Hugo Mendieta Zerón, en *Estampas de la ciencia,* vol. 3.

nos a partir de las hembras de un insecto llamado cochinilla, que se da en los nopales. México, o mejor dicho, en aquel entonces Nueva España, llegó a exportar, a finales del siglo XVI, 500 mil libras de "rojo carmín" —como lo llamaban los españoles— a Europa, donde se utilizaba para fabricar cosméticos y teñir telas. Su color era tan apreciado que distinguía a monarcas, papas, cardenales y otros miembros de la nobleza y la Iglesia europeas.

"En 1777 el virrey de la Nueva España, don José María Bucareli, envió a Manuel Antonio Flores, virrey de la Nueva Granada (que abarcaba lo que actualmente es Colombia, Ecuador, Venezuela y Panamá), las instrucciones para el cultivo, recolección y empacado del color rojo grana o cochinilla, de acuerdo como se realizaba en Oaxaca. Es decir, exportó la tecnología. Hoy diríamos que le proporcionó el *know how* o 'saber hacer'. En la actualidad, Perú es uno de los grandes exportadores del color rojo carmín.

"Otro ejemplo lo tenemos con Verónica, quien pidió ensalada de verduras y nieve de zapote. Al respecto les puedo contar que en 1782 apareció el artículo titulado 'Observaciones físicas ejecutadas por don José Antonio Alzate en la Sierra Nevada, situada al Estesudeste respecto de México, a la distancia de quince leguas', donde describió cómo se abastecía de nieve la ciudad de México en aquella época. El mismo Alzate publicó en 1787 diversas obras de carácter científico, como las *Observaciones sobre la física, historia natural y artes útiles; asuntos varios sobre ciencias y artes y observaciones sobre la física y demás ciencias naturales*, donde trató temas de diversa índole científica, como una recopilación sobre la planta del chayote y sus aplicaciones, información sobre plantas de maíz capaces de dar 24 mazorcas y una acotación sobre el uso de aceite en ingenios azucareros como agente antiespumante.

—Oiga, profe —interrumpió Tomás—, ¡nos está dando

ejemplos del año de la canica! Todos son del siglo XVIII. ¿Será acaso porque no tenemos científicos con logros en el presente?

—¡Ay, Tomás! Las dudas se quitan investigando. Podemos encontrar aportaciones tanto científicas como tecnológicas de nuestro país en todas las épocas. Mira…

—¡Conste que dijo "mira", no "observa"! —dijo Tomás, triunfal.

—Bien, bien, *observen*, muchachos: durante la mañana del día de hoy tuvieron una plática sobre educación sexual, en la cual la expositora les habló de diversos conceptos de actualidad. ¿Estás de acuerdo, Tomás?

—Sí, claro. Es más, por eso estamos aquí, para conjuntar nuestros puntos de vista y hacer un trabajo sobre el tema.

—Correcto, pero quiero hacer énfasis en que el tema de la educación sexual es de actualidad, a tal grado que hace diez años esta materia no se trataba formalmente en las escuelas.

—Sí, señor —asintió Tomás.

—Pues bien, quiero decirles que muchos científicos mexicanos han realizado aportaciones en este campo, como el ingeniero químico Luis Enrique Miramontes Cárdenas, quien tiene varias patentes sobre síntesis química de anticonceptivos. Algunas de ellas sobre ingredientes activos que se encuentran presentes en los productos de marca que hoy se pueden adquirir en las farmacias de todo el mundo.

Otro científico mexicano de la actualidad es el doctor en química José Luis Mateos, quien aisló un poderoso oxitósico, es decir, una sustancia que provoca la contracción del útero, y que hoy en día utilizan los médicos en los partos. El doctor Mateos logró separar dicho compuesto de la planta llamada *cihuapahtli* o zoapatle, la cual ya era mencionada en el *Códice de la Cruz-Badiano* —que fue escrito por el médico xochimilca Martín de la Cruz y traducido al latín por Juan Badiano, que trata de la herbolaria mexicana— como una planta empleada para facilitar el parto. Y no puedo dejar de mencionar al doctor Jesús Romo Armería, investigador del Instituto de Química de la UNAM y de la empresa Syntex. En 1951 formó parte del equipo que logró la síntesis de la cortisona —eficaz antiinflamatorio y antirreumático— a partir de la progesterona. Así que ya sabes, Verónica, cuando compres esa medicina que me comentabas que te encargaron, que es a base de cortisona, recordarás que la ciencia mexicana tuvo su aportación en ella, y espero que, mediante su utilización, tu familiar se sienta mejor.

—¡Híjole! Ahora sí estamos boquiabiertos —exclamó Ulises.

—Estos ejemplos sólo son una pequeña muestra; existen muchas instituciones que están generando ciencia y tecnología en el territorio nacional. Tan sólo el Instituto Mexicano del Petróleo tiene más de 150 patentes con registro internacional, entre las que destacan los procesos de hidrosulfuración, que sirven para eliminar el azufre y se conoce como "proceso Demex". Hay plantas que utilizan esta tecnología tanto en nuestro país como en el extranjero.

—¿Entonces la tecnología Demex es la tecnología mexicana más popular en el extranjero? —preguntó Verónica.

—No lo creo así —respondió el profesor de química—, me atrevo a decir que la tecnología mexicana más difundida en el extranjero es la desarrollada por el personal de la compañía Hojalata y Lámina, S.A. —mejor conocida como Hylsa, de Monterrey, Nuevo León—, para producir hierro esponja. Este desarrollo data de 1957. Con esto, muchachos, tienen ustedes un panorama de las aportaciones de nuestros científicos, una actividad que en mayor o menor medida siempre se ha ejercido, aunque desgraciadamente, no siempre con la adecuada difusión ni el debido reconocimiento. Esto ha provocado que gente valiosa que ha dado grandes aportaciones a la humanidad se encuentre en el olvido y, lo que es peor, que no se tengan ejemplos que estimulen la investigación.

—¿Como quién, profe? —interrogó Ulises.

—Un caso clásico es el químico Vicente Ortigosa. En 1850, cuando la química orgánica daba apenas sus primeros balbuceos como ciencia, este mexicano, trabajando en Alemania, logró aislar el alcaloide del tabaco: la *nicotina,* además de elucidar su fórmula prácticamente como hoy la conocemos. Sin embargo dicho alcaloide, en lugar de haber sido nombrado en honor de Vicente Ortigosa, lo fue en el de un embajador francés en la corte de Portugal llamado Jean Nicot, cuyo mérito fue dar a conocer el tabaco a la corte francesa en el siglo XVI. [2]

—¡Recórcholis! —exclamó Tomás—, le pasó igual que a Cristóbal Colón con el navegante italiano Américo Vespucci; por eso hoy vivimos en el continente americano y no en el "colombiano".

El profesor Díaz Mirón, que como Sofía se había mantenido escuchando atentamente la conversación, tomó la palabra:

—Creo que ése es el común denominador en los diferentes campos de la ciencia, ya que en mis ámbitos de acción, la física y la astronomía, hay casos similares.

—¡Cámara! —exclamó Tomás, sin poder contenerse— ¿A poco tenemos astrónomos estelares?

—Tomás —respondió Díaz Mirón—, como siempre, necesitas poner el dedo en la llaga para creer. Haces bien, eso es parte del método científico. Como todos ustedes saben, la tradición astronómica ha sido muy vigorosa en

[2] Si quieres saber más acerca de la nicotina y la vida de Vicente Ortigosa, puedes leer "La nicotina del tabaco, algo de la química del siglo XIX", de José Antonio Chamizo Guerrero, en *Estampas de la ciencia,* vol. 1.

México desde la época precortesiana. La exactitud de los calendarios maya y azteca, la predicción certera de los eclipses, la observación de los cometas, el observatorio de Chichén Itzá, etcétera, son evidencias del alto nivel alcanzado. En algunos aspectos superaba los conocimientos que tenían los europeos en las mismas fechas, como se ha confirmado en épocas recientes. Pero no sólo en la antigüedad tenemos logros en astronomía; podemos decir que el interés ha sido permanente en nuestro país y que ha aportado extraordinarios talentos, como el de don Joaquín Velázquez de León, quien en 1761 realizó mediciones y observaciones del planeta Venus. Otro ejemplo —continuó— es el primer viaje internacional de un grupo de científicos mexicanos, que se realizó de septiembre de 1874 a noviembre de 1875. Su propósito explícito fue estudiar el paso del planeta Venus frente al disco del Sol, ocurrido el 9 de diciembre de 1874. Los científicos integrantes de esta comisión fueron el astrónomo Francisco Jiménez, de la Sociedad de Geografía y Estadística; el ingeniero Francisco Díaz Covarrubias, de la Sociedad Humboldt; el ingeniero Agustín Barroso; el ingeniero Francisco Bulnes y el ingeniero Manuel Fernández Leal. Hicieron un viaje alrededor del mundo para montar dos observatorios en Japón, luego fueron a París a presentar los resultados de sus observaciones. Fue la primera delegación en presentar su informe ante la Academia de Ciencias de París, antes que la francesa, la rusa, la alemana, la inglesa y la norteamericana. El planetario que van ustedes a visitar se llama Luis Enrique Erro en honor de quien fundara el Observatorio Nacional de Astrofísica en Tonanzintla, Puebla, en 1941. Su nombre también está presente en la Luna, porque un cráter del lado oculto se denomina también Luis Enrique Erro. Y otro ilustre mexicano es Francisco J. Escalante, quien fuera astrónomo del Observatorio de Tacubaya de 1916 a 1923. Fue honrado por la Unión Astronómica Internacional al darle su nombre a un hermoso cráter cerca de uno de los polos del planeta Marte. Pero, paradójicamente, no existe ni siquiera una calle que lo recuerde en esta ciudad.

—Habiendo tantos cráteres en nuestras calles, podríamos bautizarlos, ¿no creen? —celebró Tomás.

—¡Muy chistoso! —lo reprendió Verónica con enfado.

—Muy bien, estimados jóvenes; tanto el profesor de química como un servidor tenemos prácticas de laboratorio, por lo que tenemos que retirarnos. Si bien es cierto que una sólida cultura científica implica conocer a nuestros científicos y sus aportaciones, para otorgarles debido reconocimiento por parte de la sociedad, también es cierto que es en los laboratorios donde se logra demostrar las aportaciones de la ciencia. Es ahí donde podemos realizar nuestras investigaciones, que esperamos contribuyan a comprender mejor la naturaleza. Por ello, nos marchamos para realizar nuestras respectivas labores en nuestros laboratorios.

Una vez que los profesores se retiraron, los muchachos quedaron en silencio, meditando lo que habían escuchado sobre algunos de los grandes científicos nacionales. Finalmente, Ulises rompió el silencio al señalar:

—Es increíble la cantidad de compatriotas que participan activamente en la ciencia.

—A mí lo que me inquieta —dijo Sofía— es que cada vez se pierde más la curiosidad por lo que nos rodea; nuestra capacidad de asombro es menor. Por eso recalcaba la gran diferencia entre ver, mirar y observar, que es vital para hacer ciencia.

—Considero que lo que comenta Sofía es producto del ritmo de vida tan vertiginoso que llevamos y del bombardeo publicitario al que estamos expuestos los mortales de este fin de siglo —dijo Tomás.

Verónica intervino para dar su punto de vista:

—Yo no lo veo tan negativo, Tomás. Considero que hoy, más que nunca, tenemos mayor acceso a la información, y lo que tenemos que hacer es observar con sentido crítico todo tipo de mensajes, incluyendo, por supuesto, la publicidad. Y si además cultivamos nuestra curiosidad y capacidad de asombro, preguntándonos los porqués en lugar de dar por hecho todo lo que vemos, creo que tendremos una actitud que nos ayudará a comprender la naturaleza y la realidad de nuestro entorno.

—¡Bien, colegas! —repuso Tomás—. Nuestra realidad nos dice que pongamos manos a la obra en el trabajo sobre educación sexual, así que aplicaremos el método científico para realizarlo.

—¡Mientras no quieras aplicarlo estrictamente con todo y experimentación, todo está bien! —se rió Verónica.

—¡Pos luego! —reviró el aludido.

Las bromas de Verónica y Tomás dieron paso a la deliberación sobre la forma de realizar el trabajo. Se acordaron los temas que cada uno tendría que investigar y resumir para conjuntar el trabajo, y fijaron responsables y fechas para la entrega de los reportes, a fin de integrarlos y dar las conclusiones de común acuerdo todo el grupo. Una vez alcanzado el consenso, Ulises exclamó:

—¡Esto es trabajar en equipo!

—El arte se forja en la individualidad, mientras que la ciencia requiere de la orquestación de un equipo —señaló Sofía.

Ulises intervino para pedir la cuenta a doña Lucha. Cuando le fue entregada, la revisó con detenimiento y dijo:

—Si Pitágoras no se equivoca, nos toca de a veinte; y como es individual, es un arte, de acuerdo con la definición de Sofía.

—¡El arte está en pagar! —contestó Tomás.

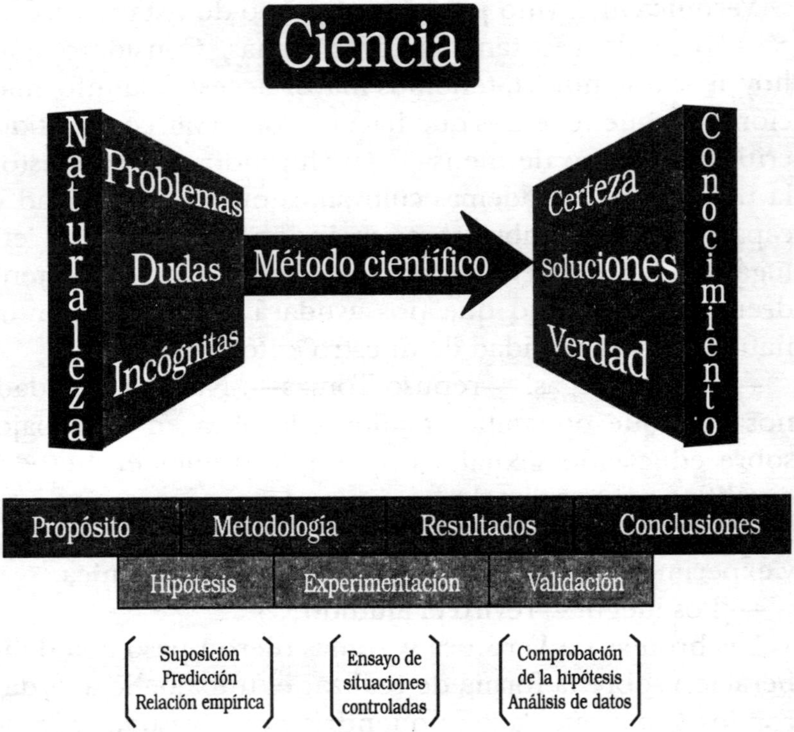

FIGURA IV.2. *Características de la ciencia.*

Una vez pagada la cuenta, los estudiantes emprendieron el camino hacia el metro para llegar a tiempo al planetario Luis Enrique Erro, no sin antes pasar por la farmacia y comprar las medicinas que le habían encargado a Verónica.

En el vagón del metro, la plática de los jóvenes era multifacética: lo mismo se hablaba de los encuentros deportivos interpreparatorias que de las clases, de política o incluso saltaban los comentarios sobre el medio artístico. Pero de manera recurrente retornaban al tema escolar.

Tomás retomó la conversación que había tenido con los

profesores de física y química para plantear sus inquietudes a sus compañeros:

—¿Saben? A mí no me queda claro qué es ciencia y qué es método científico.

Sofía se acomidió a contestarle:

—El objetivo de la ciencia es comprender a la naturaleza, y su producto es el conocimiento, obtenido mediante el método científico.

—¿Entonces el método científico es una receta para lograr nuevos descubrimientos o conocimientos? —cuestionó Tomás.

—¡No, para nada! —brincó Sofía—. El método científico consiste en los pasos necesarios para validar nuestras observaciones.

—La ciencia sin método se convierte en una mera acumulación de datos inconexos —intervino Ulises.

—Lo que generalmente sucede es que se hacen observaciones con respecto a un fenómeno —dijo Verónica, no queriendo quedar fuera de la discusión—. Con base en estas observaciones el investigador busca una forma razonable de explicar el comportamiento observado: formula una hipótesis con la que considera situaciones nuevas, aún no ensayadas, y anticipa lo que debería suceder en estos casos nuevos. Luego ensaya situaciones controladas, llamadas experimentos, y compara los resultados con las hipótesis. Si los resultados concuerdan con la hipótesis, podemos decir que estamos validando nuestra hipótesis; en caso de que no exista concordancia, la hipótesis deberá ser modificada o desechada en favor de otra.

La conversación se interrumpió debido a que el grupo llegó al planetario, justo a tiempo para tomar sus lugares y disponerse a vivir la celestial experiencia.

El tiempo transcurrió sin que los muchachos se percataran, por estar absortos en el espacio sideral. Al salir del planetario, sus comentarios se atropellaban, cada uno trataba de manifestar lo que más le había impactado.

—¡Durante años he visto la constelación de la Osa Menor y la Estrella Polar y hasta hoy puedo distinguirlas! —comentó Tomás, mientras Ulises confesaba lo mismo sobre la constelación de Leo.

—Después de esta experiencia en el planetario —dijo Verónica—, puedo comprender la frase que tantas veces repitiera el profesor de biología: "mientras los animales inferiores sólo *están* en el mundo, el hombre trata de *entenderlo*".

—Y lo que es importante —añadió Tomás—, es que ahora sabemos que el objetivo de la ciencia es comprender la naturaleza.

Nuevamente viajaban en metro. Antes de llegar a la estación de transbordo, Ulises preguntó a sus compañeros:

—¿Qué rumbo llevan?, porque yo me sigo hasta Universidad.

—Yo voy a Bellas Artes —contestó Verónica.

—Yo voy a la colonia Roma, por tanto cualquier camino me deja —bromeó Tomás.

Sofía, por su parte, declaró:

—Yo voy a donde conduce la ciencia: a Progreso Nacional.

Llegando a la estación de transbordo se despidieron, se citaron el día siguiente en la biblioteca para continuar el trabajo en equipo. Cada uno de ellos tomó una dirección diferente, curiosamente, hacia los cuatro puntos cardinales. Como sus aspiraciones profesionales, los intereses de los cuatro amigos eran completamente diferentes. Pero ese día aprendieron que la ciencia es para todos, sin importar su actividad, profesión, clase social ni nacionalidad. Aprendieron que la ciencia es inherente al género humano, y por tanto se debe ejercer si queremos ser realmente dignos de llamarnos humanos.

A la mañana siguiente, el Sol resplandecía como pocos días en la gran ciudad de México. Era un día claro; la vista se podía recrear contemplando paisajes que no siempre son visibles, ya sea por la contaminación o por encontrarse nublado el panorama.

Ese día era posible mirar mas allá del horizonte común de otras jornadas. O, mejor dicho, ese día parecía que el horizonte se hubiera recorrido hacia atrás, permitiendo la observación de aquello que no era del todo familiar y dando oportunidad de admirar y asombrarse del entorno que, aunque mil veces transitado, pocas veces se podía descubrir con toda su magnitud. Se escuchaba gran algarabía al salir de las aulas de la preparatoria: los pasillos y los salones mismos ya no se mostraban oscuros y fríos como otros días. Había más claridad y ese calor que sólo el astro rey nos concede, lo que infundía energía en los estudiantes.

Ulises y Tomás se dirigían hacia las jardineras, lugar donde acordaron reunirse con Verónica y Sofía para ir juntos a la biblioteca.

Sus compañeras llegaron tras unos minutos de espera y fueron recibidas por Tomás:

—Las mujeres siempre llegan tarde. ¡Y luego quieren que exista igualdad de sexos!

—Estoy estrictamente de acuerdo contigo: no podemos hablar de igualdad de sexos, pero sí de equidad de sesos en los sexos —respondió Verónica.

—¡Como te decía, Ulises —se quejó Tomás—, cualquier reclamación al árbitro, la pierdes y además sales regañado!

—Pues vayamos hacia la biblioteca —repuso Verónica—, para evitar las conversaciones intrascendentes que nos hacen perder el tiempo.

—¡No son tan intrascendentes, porque son ciertas! —alcanzó a contestar Tomás, a lo que la muchacha contestó, terminante:

—¡Entonces hay que demostrarlo para validarlo!

Rumbo a la biblioteca, Ulises comentó:

—La conversación que tuvimos ayer con los profesores de física y de química me permitió tener un enfoque diferente de las materias que hoy nos impartieron. Las aprecié más prácticas. Por ejemplo, hoy entendí que las matemáticas son un lenguaje que nos permite representar y por tanto interpretar mas fácilmente una gran cantidad de conceptos que de otra manera sería muy complicado visualizar. Ya no las veo como un obstáculo para pasar el ciclo escolar, sino como una herramienta indispensable en casi todos los campos del conocimiento y por tanto con aplicación en todas las profesiones: química, economía, arquitectura o cualquier otra.

—¡Tienes razón, colega! —asintió Tomás—. Yo también empecé este nuevo día preguntándome el por qué, el cómo y el para qué de los conceptos; ya no es el llegar a aprenderme de memoria los textos, como si fuera perico.

El entusiasmo de los jóvenes era evidente, habían descubierto que la ciencia no es espesa, sino fluida y transparente, y sobre todo accesible para aquél que se interese; habían erradicado la idea de que todos los científicos son extravagantes, apartados, solitarios y sin actividad social dinámica, ya que habían comprobado que sus profesores de física y de química eran alegres, les gustaban los deportes y las bellas artes, eran sencillos y llevaban una destacada vida social, con el reconocimiento de un lustre que no se empaña fácilmente.

Descubrieron que el método científico no es una camisa de fuerza con tallas exclusivas, sino una actitud, una manera de ser en permanente búsqueda de la certeza, que nos permite comprender y certificar la realidad que nos rodea. Y que todo esto nos ayuda a ser mejores como personas, como sociedad y como país.

El trayecto a la biblioteca resultó de lo más ameno, porque Sofía les contaba chistes, lo cual hacía con mucha gracia. Ulises, desconcertado, le preguntó:

—¿Por qué nunca te había escuchado ningún chiste?

—¡Porque normalmente Tomás no suelta el micrófono! —contestó Sofía, riendo.

—¡Cierto —coincidió Verónica—, Tomás no deja de hablar! Pero ya tengo la solución: miren, ahí está el vendedor de alegrías. Vamos comprando una para cada quién y así matamos tres pájaros de un solo tiro. Tomás dejará de hablar, espantamos el hambre y además dicen que son nutritivas.

—¿La alegría es un cereal, verdad? —preguntó Tomás.

—No —contestó Ulises—. Se hacen con ajonjolí, ve el tamaño de las semillas.

Sofía, más práctica, le preguntó al vendedor:

—Disculpe señor, ¿de qué están hechos los dulces de alegría?

—Pues mire usted —contestó el vendedor—: nosotros las hacemos con la semilla de alegría; yo no le pongo para nada ajonjolí ni tampoco ningún cereal.

—¿Y cómo aprendió usted a elaborar las alegrías? —preguntó Verónica.

—Es una tradición familiar. Desde que yo tengo uso de razón, las alegrías se fabrican en la casa de mis abuelos y de mis padres, y todos los de la familia colaboramos en la elaboración desde pequeños. Así que de grandes, si nos gusta esta actividad, pos nomás nos ponemos a hacerla y ya está.

Los muchachos se despidieron del vendedor, agradeciéndole sus atenciones y la explicación sobre la alegría.

Mientras se terminaban sus alegrías para entrar a la biblioteca, Ulises los interrogó:

—¿Quedaron convencidos con la explicación del alegrillero? Porque yo insisto en que se hace con ajonjolí.

—¿Que les parece, ya que estamos en la biblio, si aprovechamos para averiguar qué es la alegría, además de hacer la investigación para el trabajo que debemos entregar? —propuso Verónica.

Todos aceptaron la propuesta e ingresaron al recinto. Iniciaron sus respectivas búsquedas, tanto de la tarea que les habían dejado como del reto por conocer de qué estaban hechos los dulces de alegría.

Al cabo de dos horas se volvieron a reunir.

—¿Todo mundo encontró lo referente al tema que le tocó? —preguntó Sofía.

—¡Sí! —contestaron todos.

Tomás, tomando la batuta, les dijo:

—Además de que ya tengo lista mi tarea, ahora los puedo ilustrar sobre el dulce de la euforia.

—¡Ah, si serás! Es dulce de alegría, no de euforia —lo interpeló Ulises.

—¡Nomás quería verificar si eran observadores! —contestó Tomás.

—Es increíble saber que la semilla de alegría se cultiva en Mesoamérica desde la época prehispánica —intervino Verónica—. Era uno de los cuatro cultivos más importantes para los aztecas, junto con el frijol, la chía y el maíz.

—Yo encontré —dijo Sofía— que con la semilla de *huautli,* que así le llamaban entonces a la alegría, se hacía un ídolo que representaba a una de sus deidades. Con él realizaban una procesión desde el gran *teocalli* a los cuatro templos principales. Luego regresaban al *teocalli* principal para realizar una ceremonia en donde el pueblo en fila tomaba un pedazo pequeño del dios y lo comía. Con eso se representaba la participación cósmica del hombre en cada semilla de *huautli* o alegría, y el dios era el universo en armonía, conformado y mantenido por los hombres. También es interesante que, debido a esta ceremonia, fue prohibido por los españoles el consumo y cultivo de alegría, debido a la similitud que presentaba este rito con la ceremonia católica de la comunión.

—Yo averigüé —añadió Ulises— que el *huautli* o semilla de alegría pertenece al genero *Amaranthus,* por lo que también se le conoce como "amaranto". Y no tiene nada que ver con el ajonjolí ni con los cereales, el nombre de "alegría" se lo dieron los españoles al probar esta delicia.

—¿Si los españoles lo prohibieron, cómo es que aún se vende el dulce de alegría en México? —interrogó Tomás.

—Lo que pasa —respondió Sofía— es que el amaranto es una planta muy resistente a diferentes tipos de suelos y condiciones climatológicas. Además, las tradiciones de nuestro pueblo son muy arraigadas, lo que permitió que llegara hasta nuestros días.

—¿Y de dónde sale eso de que el amaranto o alegría es muy nutritivo? —preguntó Verónica.

—Dentro de la bibliografía que consulté —intervino Ulises— encontré que en 1927 la química María del Carmen López Martínez realizó el primer estudio analítico de la semilla de alegría. Sin embargo, no fue sino hasta mediados de los años setenta cuando el maestro en ciencias Francisco Javier Casillas Gómez promovió su divulgación y la aplicación de esta semilla como ingrediente de nuevos productos alimenticios. Asimismo, el doctor Alfredo Sánchez Marroquín conjuntó esfuerzos tanto gubernamentales como de la iniciativa privada para lograr un mejor conocimiento de la semilla, instalando una planta que producía diferentes derivados, de los que tiene varias patentes. En el Instituto Nacional de la Nutrición un grupo de científicos, encabezados por el doctor Héctor Bourges Rodríguez y la maestra Josefina Morales de León, han profundizado en las características nutricionales tanto de la semilla como de la planta en sí. Además, en la Universidad Autónoma de Chapingo se han realizado enormes esfuerzos por conocer mejor el comportamiento de este cultivo en diferentes climas, altitudes, tipos de suelo, etc. Entre los que recuerdo están el doctor Federico Gómez Lorenz y el ingeniero Eduardo Espeitia.

—Estamos de acuerdo en que una gran cantidad de científicos mexicanos trabajan en nuestros días en conceptos que son de interés para la sociedad —dijo Verónica—. Pero yo, como parte de la misma, quiero saber por qué dicen que el amaranto es nutritivo.

—Yo encontré la respuesta a tu duda —contestó Sofía—. El amaranto es nutritivo porque es rico en aminoácidos esenciales como triptófano, lisina, treonina y metionina, entre otros, además de que contiene ácidos grasos como el linoleico, el oleico y el palmítico —dijo, leyendo de sus apuntes—. Esto le confiere a la semilla de alegría las cualidades de un alimento que se adapta perfectamente para balancear adecuadamente una dieta.

—¡Bueno, jóvenes! —interrumpió Tomás—. Yo tengo un titipuchal de preguntas más, pero se nos hace tarde para el entrenamiento del equipo de básquetbol. ¿Qué les parece si mañana nos vemos en el receso para que continuemos?

Todos asintieron. Acto seguido Tomás y Ulises corrieron a la cancha, mientras Sofía y Verónica se despidieron para dirigirse a sus respectivos hogares.

A cada uno de ellos, la satisfacción de haber investigado algo tan sencillo como una semilla que forma parte de sus raíces culturales les renovó el entusiasmo por adquirir conocimientos certeros que les permitirían hacer aportaciones a la sociedad. Los cuatro estudiantes se dirigieron a continuar con sus actividades personales, nutridos con el saber y la alegría.

Bartolache, José Ignacio, *El Mercurio Volante (1772-1773)*, UNAM, Biblioteca del Estudiante Universitario, núm. 101, México, 1983.

Bunge, Mario, *La ciencia, su método y su filosofía*, Siglo Veinte, México, 1980.

Casillas Gómez, Francisco Javier, *Anteproyecto técnico económico de una planta industrializadora de semilla de alegría*, tesis profesional, Facultad de Química, UNAM, México, 1977.

Chalmers, Alan F., *¿Qué es esa cosa llamada ciencia?*, Siglo XXI, Madrid, 1984.

Fernández F., Rafael, *La ciencia es juego de niños*, Diana, México, 1990.

Garritz Ruiz, Andoni, y José Antonio Chamizo Guerrero, *Del tequesquite al ADN, algunas facetas de la química en México*, Fondo de Cultura Económica, col. La Ciencia para Todos núm. 72, México, 1989.

Moreno Corral, Marco Arturo, *Odisea 1874 o el primer viaje internacional de científicos mexicanos*, Fondo de Cultura Económica, col. La Ciencia para Todos, México, 1996.

Pérez Tamayo, Ruy, *Cómo acercarse a la ciencia*, Consejo Nacional para la Cultura y las Artes/Gobierno del Estado de Querétaro/Limusa, México, 1989.

Sánchez Marroquín, Alfredo, *Potencialidad agroindustrial del amaranto*, Centro de Estudios Económicos y Sociales del Tercer Mundo, México, 1980.

V. De números, calculadoras y computadoras: una historia común

Jorge Vasconcelos Santillán

Lo que ocurrió cuando llegaron las computadoras...

El tan esperado día llegó: las computadoras de la escuela serían entregadas esa mañana. Aunque decía no estar emocionado, la verdad es que no pudo dormir durante la noche.

Tras bañarse, vestirse y desayunar rápidamente, salió hacia su escuela. Durante el camino trató de pensar en Sonia, la muchacha que le gustaba. Sin embargo, esta vez su mente lo llevaba hacia otro lado. Recordaba los comerciales que había oído: "la computación es la herramienta del futuro", "asegura tu porvenir, estudia computación", "aprende computación y aumenta tus ingresos". "¿Será cierto todo esto?", se preguntó. "¿No será sólo una moda más?"

Estaba tan inmerso en sus pensamientos que cuando reaccionó ya el autobús había pasado la escuela. Bajó en la parada siguiente y corrió un par de cuadras. Llegó a tiempo, pero enojado y pensando: "Mugrosas computadoras, ni las conozco y ya me crean problemas".

Había transcurrido una hora de clase cuando llegó la secretaria de la dirección para invitarlos al auditorio, porque se iba a hacer una demostración de las nuevas computadoras.

El auditorio estaba lleno y con gran bullicio. Unos quince minutos después entró el director con el profesor de matemáticas y una persona que no conocían.

Una vez que se hizo el silencio, el director empezó:

FIGURA V.1. *Imagen fractal.* (Tomada de *Caos, fractales y cosas raras* de Eliezer Braún, col. La Ciencia para Todos, FCE, México, 1999.)

—Este es un momento muy importante para nuestra escuela porque, aunque modestamente, incursiona en el tren del futuro; con gran esfuerzo… —y cuando surgió la rechifla— ¡Está bien, está bien! Los hemos invitado para que conozcan al profesor de computación que nos apoyará los sábados. Además, para empezar a familiarizarnos con las computadoras, vamos a mostrarles algunas cosas que podremos hacer con ellas. El profesor de matemáticas nos hará la presentación.

El profe, que siempre había sido muy dramático, se acercó solemnemente a las computadoras que tenía enfrente, oprimió un botón y de inmediato fueron apareciendo en la pantalla unas figuras muy complicadas y bonitas, con muchos colores.

—Les presento a los fractales —dijo una vez que todos

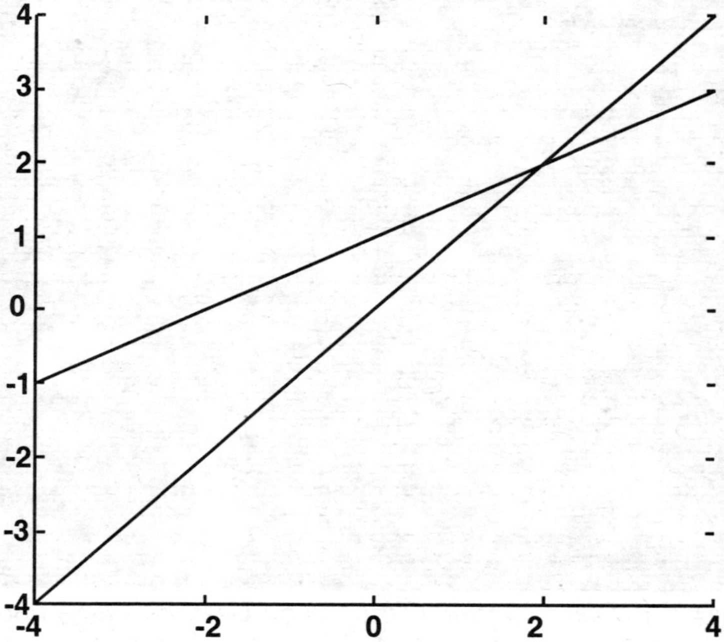

FIGURA V.2. *Gráfica de un sistema de ecuaciones. Del autor.*

estuvieron con la boca abierta. Mostró algunos fractales más y añadió:

—Estas figuras se hacen calculando valores con ciertas ecuaciones. Esas ecuaciones son un poco más avanzadas que las que estudiamos en clase de matemáticas.

Eso sí acabó de sorprenderlo; hasta ese día había creído que las matemáticas no servían de mucho, si acaso para ir de compras y saber cuánto gastaban.

—Estas computadoras también nos servirán para aprender a resolver sistemas de ecuaciones y hacer gráficas de datos.

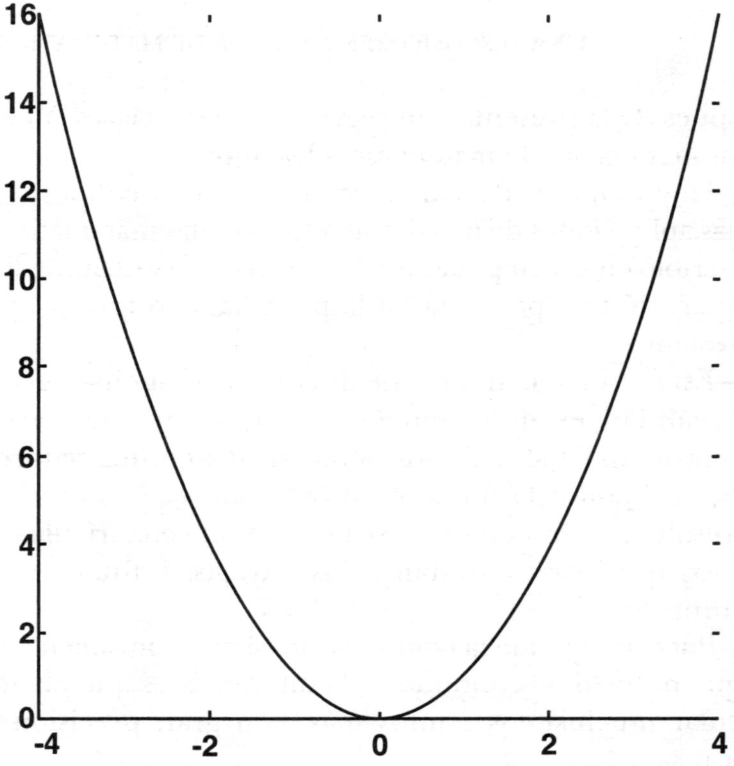

FIGURA V.3. *Gráfica de una parábola. Del autor.*

En cuanto dijo esto mostró una cartulina donde había escrito un sistema de ecuaciones. Enseguida escribió algo en el teclado de la computadora y aparecieron los resultados junto con las gráficas de las ecuaciones.

La demostración se prolongó tres cuartos de hora más, por las preguntas:

—¿Qué más saben hacer?

—¿Cuánto cuestan?

—¿Las vamos a poder usar nosotros mismos?

—¿Dónde las van a poner?

Era tanta la inquietud que los profesores no se daban abasto...

UNA DISCUSIÓN EN LA CLASE DE MATEMÁTICAS

Después de la presentación regresaron a sus clases. Ya en el salón, el profe de matemáticas les dijo:

—Hoy vamos a dedicar nuestra clase para conocer algunas aplicaciones de las computadoras en las matemáticas.

Escribió en la computadora de su escritorio y de inmediato apareció una parábola en la pantalla, con todo y ejes cartesianos.

—Esta gráfica la hemos hecho a mano muchas veces. En realidad es muy sencillo dibujarla: previamente, hacemos una tabla donde aparezcan algunos valores de *x*, evaluamos la función en esos valores y anotamos los resultados; enseguida marcamos en una cuadrícula los puntos que correspondan a las parejas, y finalmente los unimos.

—Pues resulta que la computadora sigue la misma técnica que nosotros —continuó—; la diferencia es que puede calcular muchísimos puntos más, con gran precisión y sin cansarse.

—¿Dónde anota los valores? —preguntó un alumno.

—Los guarda en su memoria electrónica —contestó el profesor—, que es parecida a las "memorias" que tienen las calculadoras.

El profesor volvió a escribir en el teclado y, paulatinamente, fue apareciendo una imagen que parecía tener volumen.

—Estas figuras tienen tres ejes cartesianos, *x*, *y* y *z*, por lo que su ecuación es más complicada y requiere más cálculos; por ello dibujarlas a mano es muy engorroso. Como pueden ver, en computadora es fácil y rápido.

—Si ya lo hace una computadora, entonces ¿para qué nos enseñan matemáticas? —cuchichearon por allí.

El profesor alcanzó a oír el comentario y dijo en tono severo:

—La computadora sólo es una herramienta, no sustituye tu inteligencia. Igual que con otras máquinas, puedes obtener resultados rápidamente y avanzar más en tu trabajo, pero es necesario que tú mismo conozcas las ecuaciones y que incluso puedas hacer gráficas a mano; así podrás darte una idea de qué resultados esperar y saber cuándo las cosas están saliendo bien y cuándo van mal. Pensar que con la computadora ya no necesitas saber matemáticas es como pensar que ya no necesitas saber escribir por que hay máquinas de escribir.

Tras una pausa retomó el tema:

—Muchas de las aplicaciones científicas de la computadora son de este estilo: el investigador elabora un modelo matemático, es decir, una o varias ecuaciones que representan el comportamiento del fenómeno, y la máquina calcula algunos valores que el científico interpretará.

La clase terminó pronto y todos se retiraron. Ese día regresó a casa muy emocionado y esperó ansiosamente la llegada del sábado siguiente.

El profesor de computación les explicó que la computadora era una máquina muy especial:

—Otras máquinas, como la de escribir o la sumadora, son mecanismos que pueden hacer sólo un tipo de trabajo. Pero una misma computadora es capaz de hacer muchas cosas diferentes: escribir documentos, calcular resultados, conducir juegos, comunicar datos a distancia y muchas cosas más.

—Mientras más poderosa sea la máquina, más complejas son las aplicaciones que tiene —continuó el profesor—. Por ejemplo, en los laboratorios de investigación científica se utilizan computadoras para estudiar el movimiento de los astros, el comportamiento del clima o la información contenida en los genes de nuestras células.

El profesor de computación siguió exponiendo ejemplos: que los viajes espaciales, que las telecomunicaciones, que la robótica...

Esa misma tarde, durante la comida, platicó las cosas que había aprendido.

—¿Cómo es posible? —preguntó su papá.

Él contestó como si lo hubiera sabido siempre:

—La computadora no funciona por la interacción de partes mecánicas, sino que recibe, transforma y entrega información, siguiendo las instrucciones de un programa.

—Entonces —continuó—, al cambiar de programa, la computadora se convierte en una herramienta diferente. Por eso con la misma máquina podemos escribir cartas, llevar la contabilidad o estudiar matemáticas.

Su papá, que no era muy versado en tecnología moderna, se quedó pensando unos instantes y luego le dijo:

—Entonces lo más importante es quién hace esos programas.

Como él no lo había pensado antes, no supo qué contestar.

Ya hacia el final de la comida, platicó que se le había ocurrido preguntar al profesor quién inventó la computadora, y que sus compañeros se habían reído.

—IBM, todo el mundo lo sabe —le dijeron, pero el profesor aclaró:

—No, no es así; es una historia muy interesante y tan larga como la humanidad misma. No hay un inventor "oficial" sino que se necesitó la suma de muchísimos esfuerzos. Además, la tecnología de hoy es creada por grandes grupos de trabajo y cambia muy rápidamente, por lo que se vuelve cada vez más difícil distiguir quién inventa cada cosa.

Como fuera, él se había quedado con la duda.

—¿Por qué no vas a la biblioteca? —sugirió su papá.

Le pareció una buena idea y decidió ir el lunes después de clases.

El lunes después de clases...

—Vámonos a cascarear —dijeron sus cuates al terminar la clase.

—Hoy no, porque voy a la biblioteca —contestó.

Recibió una rechifla, pero ni modo, ya se desquitaría al día siguiente en el futbol.

Llegó a la biblioteca pública y no vio los ficheros en su lugar. Tras preguntar, le dijeron que habían sido sustituidos por un sistema de cómputo.

La bibliotecaria lo llevó hasta una terminal y le enseñó cómo usarla. Era muy fácil; sólo había que escribir el nom-

FIGURA V.4. *Representación pictórica del hombre primitivo.*

bre del autor, el título o el tema, y los demás datos aparecían en la pantalla.

Tras escribir la palabra "computadoras" salieron muchos títulos. Le atrajo un libro llamado *Computación básica* y anotó los datos en una papeleta que entregó a la bibliotecaria.

En cuanto recibió el ejemplar, empezó a hojearlo. Encontró un capítulo completo dedicado a la historia de las computadoras, así que empezó por leerlo.

FIGURA V.5. *Vestigios de numeración y escritura antigua.*

LO QUE APRENDIÓ SOBRE LA HISTORIA DE LAS COMPUTADORAS...

Las computadoras y las calculadoras tienen un origen común, tan antiguo como la humanidad misma.

En los albores de la civilización el hombre tuvo necesidad de controlar los objetos a su alrededor. Requería saber de algún modo cuántos animales había cazado o cuántos vegetales había recolectado; de cuántas armas disponía y cuántos miembros había en su clan.

Para satisfacer esta necesidad tuvo que dar un gran salto intelectual y desarrollar un concepto nuevo: el *número.* Con éste fue posible relacionar cosas diferentes; pudo así, por ejemplo, contar a sus amigos relacionándolos con los dedos de su mano.

Con el tiempo, el hombre fue mejorando su manejo de los números, paulatinamente recurrió a objetos que le ayudaran al contar. Después de haber indicado los números con sus dedos, lo hizo con piedras, conchas o ramas y, mucho tiempo después, con los primeros símbolos.

Los números escritos aparecieron hace unos cinco mil

FIGURA V.6. *Ábaco chino.*

años, y con ellos también surgieron técnicas para numerar, como la egipcia o la sumeria.

Poco a poco la complejidad de las cuentas fue aumentando, con lo que tuvieron que mejorar las técnicas para contar, e incluso hubo que inventar aparatos que facilitaran los cálculos.

EL ÁBACO

Una de las primeras calculadoras mecánicas que registra la historia es el ábaco. Este invento utilizaba esferitas (cuentas) para representar los números y con él se podían hacer sumas y restas al desplazarlas sobre una varilla.

Su origen es incierto, se sabe que fue usado en China hace unos cinco mil años, aunque también lo utilizaron durante siglos griegos, romanos y japoneses.

Los primeros ábacos fueron surcos marcados sobre la tierra, y posteriormente tablillas acanaladas por las que se movían las cuentas (precisamente, *abax,* en griego, significa tablilla). Como lo conocemos ahora, el ábaco es un armazón con alambres paralelos donde se desplazan las cuentas.

El ábaco resultó una herramienta tan útil que aún en nuestros días sigue siendo usado en Oriente para realizar operaciones cotidianas.

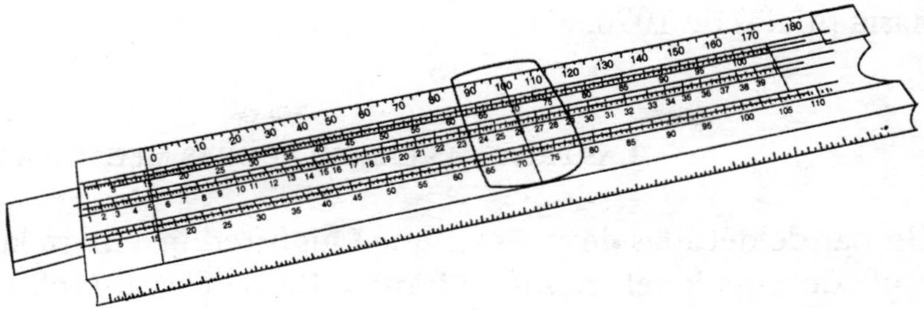

FIGURA V.7. *Regla de cálculo.*

LA REGLA DE CÁLCULO

Pasaron más de mil 600 años después del nacimiento de Cristo para que hiciese su aparición otro invento: la regla de cálculo.

Hacia 1622, el matemático inglés William Oughtred (1574-1660) aprovechó los logaritmos —inventados por su colega escocés John Napier o Neper (1550-1617) ocho años antes— para construir un dispositivo mecánico que simplificara las operaciones aritméticas. Los logaritmos son números que están relacionados de tal modo con los números cotidianos que convierten las multiplicaciones en sumas y las divisiones en restas.[1]

Este instrumento consta de dos regletas que se deslizan una sobre la otra. Cada regleta tiene marcados varios números que siguen una escala logarítmica; es por esto que los desplazamientos se traducen en multiplicaciones o divisiones, según el sentido del movimiento.

[1] Si quieres saber más acerca de la regla de cálculo y los logaritmos, puedes consultar "Uno, dos tres... cuatro son suficientes", de Pedro Bosch Giral y Carlos Bosch Giral, en *Estampas de la ciencia,* vol. 1.

Debido a sus ventajas, la regla de cálculo fue la principal herramienta matemática de científicos e ingenieros hasta finales de 1970.

Las primeras calculadoras mecánicas

Un par de décadas después de que Oughtred inventara la regla de cálculo, el científico francés Blaise Pascal (1623-1662) produjo la primera sumadora mecánica de la historia.

Pascal tenía 19 años cuando decidió ayudar a su padre en la recolección de impuestos, y se le ocurrió construirle un mecanismo de engranajes capaz de sumar y restar números.

Esta sumadora es llamada afectuosamente Pascalina. Sus ruedas dentadas representaban unidades, decenas o centenas; al girar en un sentido automáticamente se efectuaban sumas y, en sentido contrario, restas. Cada rueda mostraba los números del cero al nueve, según hubiese sido girada, y al darle una vuelta completa se provocaba un pequeño giro de la rueda siguiente (por ejemplo, para pasar del 19 al 20).

Poco tiempo después, en 1673, el matemático y filósofo alemán Gottfried Leibniz (1646-1716) desarrolló otra calculadora que, además de sumar y restar, podía multiplicar y dividir gracias a un complicado sistema de ruedas dentadas, un cilindro y una manivela.

El cilindro tenía nueve dientes, cada uno de los cuales era más largo que el anterior. Junto al cilindro se localizaba una rueda que embonaba con algunos de los dientes, por lo que, al girar el cilindro con la manivela, la rueda rotaba algunos pasos.

Esta ingeniosa maquinaria reducía las multiplicaciones y las divisiones a series de sumas y restas.

FIGURA V.8. *Sumadora mecánica de Pascal.*

El invento de Leibniz trascendió de tal modo que fue fundamental para que las calculadoras mecánicas se volvieran comercializables, al inicio del siglo XIX.

EL TELAR DE JACQUARD

Durante el siglo XVIII la industria textil británica creció mucho, en buena medida gracias a los telares mecánicos automáticos.

Hacia 1802, con una industria en pleno desarrollo, el tejedor francés Joseph Jacquard (1752-1834) construyó un telar que facilitó la fabricación de tejidos con diseños complicados.

A Jacquard se le ocurrió representar los patrones del tejido con perforaciones en una tarjeta. Posteriormente, la tarjeta era colocada en su telar que era capaz de "interpretar" las perforaciones y reproducir el patrón de tejido. De este modo se podían hacer diferentes diseños con el mismo telar.

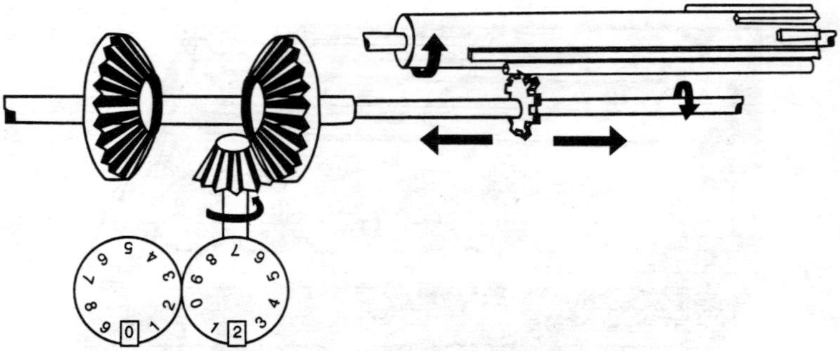

FIGURA V.9. *Esquema del cilindro de Leibniz.*

Si bien este invento no estuvo relacionado con las máquinas de calcular, la idea de usar *tarjetas peforadas* para representar información sería aprovechada años más tarde por Charles Babbage y Hermann Hollerith para almacenar datos.

LA PRIMERA COMPUTADORA PROGRAMABLE

Hasta el siglo XIX las calculadoras sólo servían para una aplicación única, pero en 1834 el matemático e inventor inglés Charles Babbage (1792-1871) introdujo un nuevo concepto: resolver diferentes problemas con la misma máquina.

Tras haber trabajado veinte años en la fabricación de una gran sumadora mecánica (la *máquina de diferencias),* Babbage concibió la *máquina analítica,* una compleja calculadora universal capaz de leer números en tarjetas perforadas, guardarlos en un "almacén", efectuar operaciones aritméticas en un "molino" (a la velocidad de una suma por segundo) e imprimir los resultados.

Babbage diseñó su calculadora de tal modo que pudiera programarse mediante tarjetas perforadas; con ello la misma máquina sería capaz de efectuar diferentes secuencias de operaciones.

La máquina llamó la atención de la hija del gran poeta inglés Lord Byron, Ada Augusta Lovelace (1815-1852), quien apoyó con gran entusiasmo a Babbage. Además de aportar ideas y revisar los avances, desarrolló los primeros programas que se utilizarían con la máquina; por este motivo se le considera la primera programadora de la historia.

Ada Lovelace se percató de todo el potencial de la máquina analítica. En 1840 ya preveía que la calculadora sobrepasaría el manejo de los números, actuando incluso sobre sonidos, por lo que sería capaz de componer obras musicales basadas en formalismos matemáticos.

El proyecto de Babbage era financiado por el gobierno británico; desafortunadamente resultó demasiado complicado para la técnica de su época y en 1842 se canceló el apoyo: la máquina analítica no pudo ser terminada.

Pese a todo Charles Babbage previó, con un siglo de anticipación, los elementos que deberían formar parte de las computadoras.

El álgebra del pensamiento lógico

El matemático inglés George Boole (1815-1864) estaba convencido de que el razonamiento humano podía describirse de manera lógica; por ello se empeñó en buscar un formalismo matemático que le permitiera representarlo.

En 1854 Boole demostró que era posible aplicar símbolos algebraicos a las operaciones lógicas y valores a la veracidad de las proposiciones. Esta técnica es conocida como *lógica simbólica*, o álgebra booleana.

En esta álgebra lógica las proposiciones pueden ser falsas o verdaderas, pero no ambas cosas al mismo tiempo, y los razonamientos se representan uniendo proposiciones

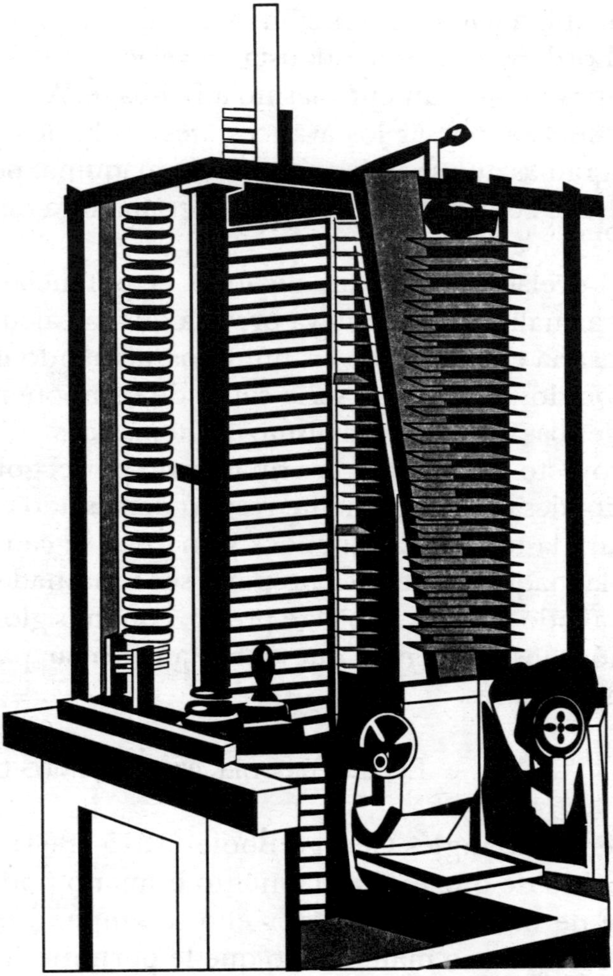

FIGURA V.10. *Máquina analítica de Babbage.*

mediante las operaciones de conjunción, disyunción, negación e implicación. Manipulando correctamente los símbolos se obtienen conclusiones lógicas. Por ejemplo, en el siguiente razonamiento "Si tengo carro *y* tiene gasolina *o* tengo una bicicleta, *entonces* puedo ir al parque", las proposiciones son "tengo carro", "tiene gasolina", "tengo una bicicleta" e "ir al parque"; cada una puede ser falsa o verdadera. El resultado del razonamiento, "ir al parque", sólo será verdadero cuando se tenga la bicicleta o cuando se tenga el auto con gasolina.

El álgebra booleana tiene especial importancia, pues las computadoras modernas —y su tecnología— se fundan en la aplicación de estas reglas.

Hollerith y el procesamiento de datos

Trabajando para la Oficina del Censo de los Estados Unidos, el estadístico Herman Hollerith (1860-1929) desarrolló un sistema para facilitar el recuento de la información obtenida en el censo de 1890.

Hollerith propuso lo siguiente: los datos de cada persona serían registrados en una tarjeta haciendo perforaciones en lugares específicos, y después una máquina leería las tarjetas y sumaría los datos.

Su invento resultó tan exitoso que, para fabricar más, fundó en 1926 su propia empresa, la Tabulating Machine Company. Algunos años después esta compañía se transformaría en la International Business Machines, mejor conocida como IBM.

Con su máquina tabuladora, Hollerith introdujo un nuevo concepto: el *procesamiento de datos,* esto es, movilizar, almacenar y contabilizar grandes cantidades de datos, además de hacer cálculos.

La memoria del magnetismo

El tan popular almacenamiento magnético que usamos en nuestros días casi nació con el siglo XX; se debe al inventor danés Valdemar Poulsen (1869-1942), quien fue el primero en aprovechar las propiedades de los materiales magnetizables.

En 1898 Poulsen patentó un aparato capaz de grabar sonidos en un alambre de acero, magnetizándolo con un electroimán. Sin embargo, su invento no tuvo repercusión en su momento, ya que la calidad de la grabación era muy pobre.

Tuvieron que pasar casi cuarenta años de avance tecnológico para que la idea de Poulsen rindiera frutos. Pero la espera valdría la pena, ya que sería la base de la memoria de las computadoras del siglo XX.

Del foco al bulbo

Uno de los inventos de mayor trascendencia en la historia humana son las bombillas de luz eléctrica que desarrolló a finales del siglo XIX el inventor estadounidense Thomas Alva Edison (1847-1931).

Entre las muchas repercusiones de su invento estuvo la relacionada con el "efecto Edison". Este fenómeno consistía en el desprendimiento de partículas de carbón del filamento, que se depositaban en las paredes de la bombilla.

Como se descubriría después, el efecto era debido al desprendimiento de electrones, mismos que podrían aprovecharse para establecer una corriente eléctrica.

En 1883 Edison colocó, cerca del filamento de su bombilla, una plaquita metálica (electrodo) para capturar los electrones. El dispositivo que obtuvo se conocería después como *diodo* y su característica es que permite el paso de la corriente eléctrica sólo en una dirección.

En 1906 el ingeniero estadounidense Lee de Forest (1873-1961) modificó el diodo añadiéndole un electrodo más, con lo que inventó el *triodo,* también conocido como bulbo. Con el nuevo electrodo fue posible regular la intensidad de la corriente eléctrica que pasaba entre los otros dos electrodos.

Entre las múltiples aplicaciones del triodo destacan los *interruptores electrónicos*, es decir, componentes que permiten u obstruyen el paso de la corriente eléctrica, pero que se controlan eléctrica en lugar de mecánicamente.

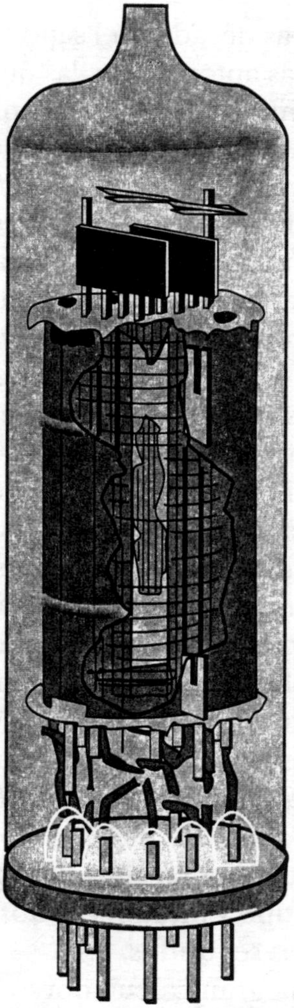

FIGURA V.11. *Bulbo.*

Gracias al bulbo, en 1938, se pudieron construir los primeros circuitos eléctricos capaces de resolver problemas lógicos y, pocos años después, las primeras computadoras.

Las últimas calculadoras

Durante las primeras décadas del siglo XX se construyeron grandes calculadoras automáticas, las últimas antes del surgimiento de las computadoras electrónicas.

En 1931, el ingeniero estadounidense Vannevar Bush (1890-1974) construyó un *analizador diferencial* en el Instituto Tecnológico de Massachusetts, a éste se le considera la primera gran computadora analógica.

El analizador estaba compuesto por un complejo sistema de motores eléctricos, ejes y engranajes capaces de resolver ecuaciones diferenciales de segundo grado (que son relaciones matemáticas que utilizan los científicos para describir fenómenos complejos).

Poco después, en Alemania, el ingeniero Konrad Zuse (1910-1995) empezó a diseñar y construir calculadoras automáticas. Su primer modelo, el Z1, sirvió como prototipo de prueba, aunque tuvo problemas técnicos. Con el apoyo del gobierno alemán construyó la computadora Z3 en 1941, una calculadora electromecánica programable.

En 1944, el profesor Howard Aiken (1900-1973), de la Universidad de Harvard, desarrolló la computadora Mark I. Esta máquina estaba compuesta por interruptores electromecánicos, ruedas dentadas, ejes y motores, que permitían leer instrucciones desde una cinta perforada, imprimir resultados en un teletipo y multiplicar dos números de hasta 23 cifras en sólo seis segundos.

La Mark I, última gran calculadora automática electromecánica, fue usada en Harvard durante quince años.

Los fundamentos teóricos de la computación

No todos los avances en computación han sido aparatos, algunos de los más importantes son aportaciones teóricas, como la del matemático inglés Alan Turing (1912-1954), quien, en 1936, estableció los principios de la computación.

Turing ideó una máquina universal capaz de resolver diferentes problemas. La *máquina de Turing* tiene una gran memoria en donde se puede escribir o leer símbolos y, además, puede observar diferentes partes de la memoria. Las acciones de la máquina se efectúan siguiendo una lista de instrucciones.

Esta "máquina" sólo es un concepto, no un mecanismo real, pero sirvió para demostrar que algunos problemas pueden ser resueltos por una computadora, mientras que otros no.

Durante la segunda Guerra Mundial, Turing pudo aplicar sus conceptos al dirigir el desarrollo de Colossus, una computadora electromecánica que se utilizó para descifrar mensajes secretos de los alemanes. La máquina terminó de construirse en 1943.

La computadora de san Valentín

En 1942, en plena segunda Guerra Mundial, el gobierno de los Estados Unidos requirió de una máquina calculadora para elaborar las tablas balísticas que usaban los artilleros.

En un esfuerzo conjunto, el ejército y la Universidad de Pennsylvania trabajaron en el diseño y construcción de tal calculadora, la cual sería electrónica y automática. Como resultado, el día de san Valentín de 1946 se hizo la primera demostración pública de ENIAC (Electronic Numerical Integrator and Calculator, o integrador y calculador numérico electrónico), la primera calculadora totalmente electrónica. Fue construida por John Eckert (1919-1995), John Mauchly (1907-1980) y Herman Goldstine (nacido en 1913), costó casi medio millón de dólares y pesaba treinta toneladas, alojadas en una habitación de nueve por treinta metros.

Sus 18 mil bulbos y mil 500 interruptores electromecánicos, que consumían unos 200 kilowatts, le permitían realizar cinco mil sumas cada segundo y memorizar veinte números de diez cifras. La máquina se programaba reacomodando cables, y tenía la desventaja de que los bulbos se quemaban continuamente.

ENIAC fue objeto de mejoras y continuó trabajando hasta 1955, después de funcionar por más de ochenta mil horas.

LAS BASES DE LA COMPUTADORA MODERNA

En 1945, el matemático húngaro John von Neumann (1903-1957) estudió cuidadosamente el diseño de ENIAC y elaboró un informe con el cual sentó las bases de las modernas computadoras digitales.

De acuerdo con Von Neumann, la programación debería efectuarse mediante instrucciones almacenadas en la memoria, en vez de mover interruptores y cables. Otro aspecto muy importante es que la computadora debería funcionar conforme al *sistema de numeración binario*,[2] es decir, almacenar y procesar datos en forma de unos y ceros.

La propuesta de Von Neumann abarcó aún más: la computadora debería tener un módulo para hacer las operaciones aritméticas, un módulo para controlar el funcionamiento siguiendo instrucciones, un gran módulo de me-

[2] Para conocer más acerca del sistema binario, puedes consultar "Uno, dos, tres... cuatro son suficientes", de Pedro Bosch y Carlos Bosch, en *Estampas de la ciencia*, vol. 1.

moria, y varios dispositivos para entrada de datos, así como para salida de resultados.

La primera computadora que se construyó bajo el modelo de Von Neumann fue la llamada EDVAC (Electronic Discrete Variable Computer, o computadora electrónica de variable discreta), en el año de 1947.

COMPUTADORAS DE PRIMERA

Durante la década de los cincuenta empezaron a distribuirse comercialmente las primeras computadoras. Estas máquinas se caracterizaron por usar bulbos, actualmente se conocen como "computadoras de la primera generación".

La primera computadora que apareció en el mercado fue UNIVAC (Universal Automatic Computer, o computadora universal automática), producto de la compañía Eckert-Mauchly Computer Corp. (fundada en 1947 por los creadores de ENIAC). Esta máquina fue entregada a la Oficina del Censo de los Estados Unidos en 1951.

La UNIVAC se caracterizaba por procesar letras y símbolos, además de números, y por utilizar cintas magnéticas para recibir datos y también para almacenarlos.

La compañía IBM se había mantenido al margen de la construcción de computadoras pero, debido al éxito de la UNIVAC, en 1953 lanzó su primera computadora, el modelo 701, mismo que también vendió al gobierno.

Poco después produjo la IBM 650. Esta máquina destacó porque podía guardar grandes cantidades de datos utilizando una memoria de cilindro o tambor magnético.

NUEVOS LENGUAJES: COMUNICACIÓN DE ALTO NIVEL

A finales de los años cincuenta aparecieron los primeros lenguajes de programación, conocidos como "lenguajes de alto nivel" por sus semejanzas con el idioma inglés.[3]

El primer lenguaje de alto nivel fue el FORTRAN (Formula Translating System, o sistema de traducción de fórmulas). Fue pensado para elaborar programas que solucionaran problemas científicos. Sus orígenes se remontan a 1956, época en que apareció junto con la computadora IBM 704.

El lenguaje ALGOL (Algorithmic Language, o lenguaje algorítmico) apareció en 1958, tras ser propuesto por las asociaciones de computación ACM (de América) y GAMM (de Europa). También fue un lenguaje para hacer programas científicos, y se le usó principalmente en Europa.

El ALGOL se considera antepasado directo de muchos lenguajes, entre ellos el Pascal y el Ada.

Por otra parte, con la comercialización de las computadoras, fue necesario un lenguaje que no estuviera limitado a los programas científicos. Los fabricantes de computadoras, la industria y el gobierno estadounidenses reconocieron esta necesidad y hacia 1959 formaron el grupo CODASYL. En 1960 esta agrupación hizo público un lenguaje para manejar datos para la administración: el COBOL (Common Business Oriented Languaje, lenguaje común orientado a los negocios).

EL TRANSISTOR

El vertiginoso avance tecnológico de nuestros días no hubiese sido posible sin el trabajo de los físicos William Shockley (1910-1989), John Bardeen (1908-1991) y Walter

[3] Para conocer algo más sobre lenguajes de computación, puedes consultar "Lengua, lenguaje... computadoras", de Concepción Abellán Giral, en *Estampas de la ciencia*, vol. 3.

FIGURA V.12. *Transistor.*

Brattain (1902-1987), investigadores de los laboratorios Bell.

En 1947, Shockley y su equipo desarrollaron el transistor, un minúsculo componente electrónico elaborado con semiconductores (materiales que bajo ciertas circunstancias pueden conducir electricidad y en otras son aislantes), que podía sustituir a los frágiles y costosos bulbos.

Con los transistores aparecieron los circuitos de "estado sólido". Se redujo considerablemente el tamaño de los circuitos electrónicos así como sus costos, y se hicieron posibles las calculadoras de bolsillo, los equipos portátiles de radio y televisión, los satélites artificiales y muchas cosas más.

En 1956 Shockley y su equipo fueron reconocidos con el premio Nobel por la importancia de su trabajo.

COMPUTADORAS DE SEGUNDA

Las computadoras empezaron a usar transistores en los primeros años de la década de los sesenta, y se dice que son de la "segunda generación".

Los transistores no sólo redujeron el tamaño de las computadoras, sino también su precio; esto permitió mayores ventas y el surgimiento de nuevas empresas.

La primera computadora basada en transistores fue la

FIGURA V.13. *Circuito integrado.*

PDP-1, de la compañía Digital Equipment, y apareció en 1960.

El circuito integrado

Aun con el diminuto tamaño de los transistores no fue posible satisfacer los requerimientos de una tecnología en acelerada carrera. Por ello, los laboratorios de la Texas Instruments buscaron reducir todavía más el tamaño de los componentes electrónicos.

En 1958, Jack Kilby (nacido en 1923) y su equipo de trabajo produjeron el primer circuito integrado.

Un circuito integrado o "chip" es un complejo circuito electrónico cuyos microscópicos componentes se fabrican directamente sobre una laminilla de silicio de unos cuantos milímetros cuadrados.

Estos circuitos sirven para modificar señales eléctricas, transformar números o guardarlos.

El circuito de Kilby sólo tenía dos transistores, pero hoy se fabrican chips con varios millones, y la carrera por incluir cada vez más transistores en un solo circuito integrado continúa.

La IBM decidió utilizar circuitos integrados en sus computadoras y lo demostró en 1964 al presentar su modelo 360.

Un año después, la Digital Equipment Corporation lanzó al mercado su computadora PDP-8, considerada como la primera "minicomputadora", de la cual se vendieron más de 50 mil unidades.

Se dice que las computadoras que utilizaron circuitos integrados forman la "tercera generación", periodo que se prolongó hasta fines de los años setenta.

EL NACIMIENTO DE LAS SUPERCOMPUTADORAS

En 1972 Seymour Cray (1925-1996) fundó la compañía Cray Research, Inc., y cuatro años después instalaba su primera supercomputadora: la Cray-1.

La Universidad de Illinois también contribuyó al supercómputo al construir, en 1975, la supercomputadora Illiac IV.

El diseño de estas máquinas permite realizar miles de millones de operaciones matemáticas por segundo, capacidad que las convirtió en herramientas fundamentales de la investigación científica y militar.

Estas máquinas son muy costosas y sólo grandes instituciones las llegan a tener. La Universidad Nacional Autónoma de México, por ejemplo, tiene dos supercomputadoras: la Cray Y-MP4/432 y la Cray-Silicon Graphics Origin 2000.

EL MICROPROCESADOR

De acuerdo con el modelo establecido por Von Neumann, las computadoras deben tener una sección para hacer las

FIGURA V.14. *Microprocesador.*

operaciones aritméticas y otra parte encargada del control lógico de la computadora. A estas dos partes en conjunto se les conoce como el *procesador* de la computadora.

Inicialmente, un procesador se construía con varios circuitos electrónicos, hasta que en 1971 Edward Hoff (nacido en 1937), de la American Intel Corporation, logró construir un procesador completo en un solo circuito integrado.

El circuito de Hoff, conocido como *microprocesador,* es muy versátil, pues conectado a otros circuitos integrados, como los chips de memoria, puede efectuar diferentes actividades.

Hoff diseñó su circuito pensando en la producción de calculadoras de bolsillo. Aunque tuvo algunas dificultades para convencer a sus colegas de los beneficios potenciales del microprocesador, en poco tiempo se percataron de sus posibilidades para utilizarlo en las computadoras.

En las décadas siguientes el microprocesador se incorporó a una gran cantidad de aparatos cotidianos, desde las lavadoras automáticas y las máquinas de escribir electrónicas hasta los automóviles modernos, los aviones y los satélites. Así, todos estos aparatos y muchos más resultan "primos" de las computadoras.

La aparición del microprocesador permitió la fabricación de *microcomputadoras* o "computadoras personales", clasificadas dentro de la "cuarta generación".

Las microcomputadoras dieron un tremendo impulso a la industria de la computación, pues la obligaron a mejorar los equipos y sus accesorios, a la vez que promovieron un notable desarrollo de programas.

Los progresos en esta generación han ocurrido rápida y atropelladamente. Las primeras microcomputadoras fueron construidas en 1976.

Una de las historias más interesantes es la de los estadounidenses Steve Wozniak (nacido en 1950) y Steve Jobs (nacido en 1955). Este par de amigos decidió vender su auto y

FIGURA V.15. *Computadora Apple IIe, publicidad.*

FIGURA V.16. *Computadora Commodore* PET.

una calculadora por 1 300 dólares, y trabajar en una cochera para construir una microcomputadora que se conectaba a un televisor y almacenaba datos en un audiocassette.

Tras su proeza, Wozniak y Jobs fundaron la compañía Apple Computer y, con la experiencia adquirida, fabricaron la Apple II, primera computadora personal que se vendió con éxito.

Hubo también otros esfuerzos, como el de Chuck Peddle, quien diseñó la Commodore PET en 1976, mientras trabajaba para la Commodore Business Machines.

Entre 1979 y 1981 muchas empresas se dedicaron a producir microcomputadoras, como Sinclar en Inglaterra y Tandy en Estados Unidos.

La popularidad de estas máquinas se debió a que el usuario no requería ser un especialista en cómputo; el equipo era de fácil manejo (bastaba conectarlo a un televisor y a una grabadora de cassettes) y se programaba con el sencillo lenguaje Basic.

La popular IBM PC (de Personal Computer, o computadora personal) hizo su aparición en 1981. La IBM logró convencer a las personas de que la computadora personal tenía grandes ventajas en la industria, en la administración o en el hogar. La PC se convirtió en el modelo a seguir en sólo 18 meses.

La Apple volvió a destacar en 1984, cuando lanzó el modelo Macintosh, demostrando que las computadoras podían ser amigables. Muchas de las ideas propuestas con la Macintosh han sido retomadas por varias compañías desde entonces.

Aun con toda la variedad de microcomputadoras que surgió inicialmente, a finales de los años ochenta sólo quedaban tres tipos de computadoras personales: la PC, de IBM, la Macintosh, de Apple, y la Amiga, de Commodore.

En otro aspecto, al iniciar la última década del siglo XX empezaron a venderse unas poderosas computadoras conocidas como "estaciones de trabajo", que son del tamaño de una microcomputadora pero mucho más rápidas, pero por sus aplicaciones y costos no pueden describirse como personales.

La estaciones de trabajo se utilizan en actividades que requieren mucho "poder" de cómputo, como la investigación científica, el diseño gráfico o la producción de películas y programas de televisión.

La generación perdida

Desde hace tiempo algunos especialistas en computación han estado obsesionados con la idea de desarrollar programas que le permitan a la computadora realizar funciones relacionadas con la inteligencia humana, como aprender, solucionar problemas o entender el habla.

Con esta idea, en 1983 Japón se propuso desarrollar el "programa de la quinta generación de computadoras", el que construiría computadoras con inteligencia artificial para 1990. Pero el plazo venció y los resultados obtenidos por los japoneses distaron mucho de las expectativas que generaron: las computadoras que se fabrican en estos días siguen perteneciendo a la cuarta generación.

La supercarretera de la información

Hacia los años sesenta, cuando el número de computadoras ya era considerable, surgió el interés en conectarlas entre sí y de ese modo formar una *red* para compartir la información que tuviesen.

Esta idea fue desarrollada especialmente por el gobierno de los Estados Unidos, preocupado por mantener las comunicaciones militares en caso de un ataque nuclear. A principios de 1970 ya tenía funcionando las primeras redes que enlazaban diferentes partes del país.

Por dos décadas el acceso a las redes estuvo prácticamente limitado a las grandes computadoras institucionales. Sin embargo, poco después de su aparición, las computadoras personales fueron incorporadas a las grandes redes, lo que provocó su crecimiento desmedido. Al unirse esas redes surgió la "red de redes", conocida como *Internet,* que conecta a millones de usuarios del mundo.

La tecnología actual permitió que Internet se convirtiera en una supercarretera de la información, pues abrió la puerta para que muchas personas tuvieran acceso a los más variados documentos, sonidos e imágenes. Además, ofreció toda una nueva gama de servicios: comunicaciones, ventas, intercambio de ideas, y mucho, mucho más.

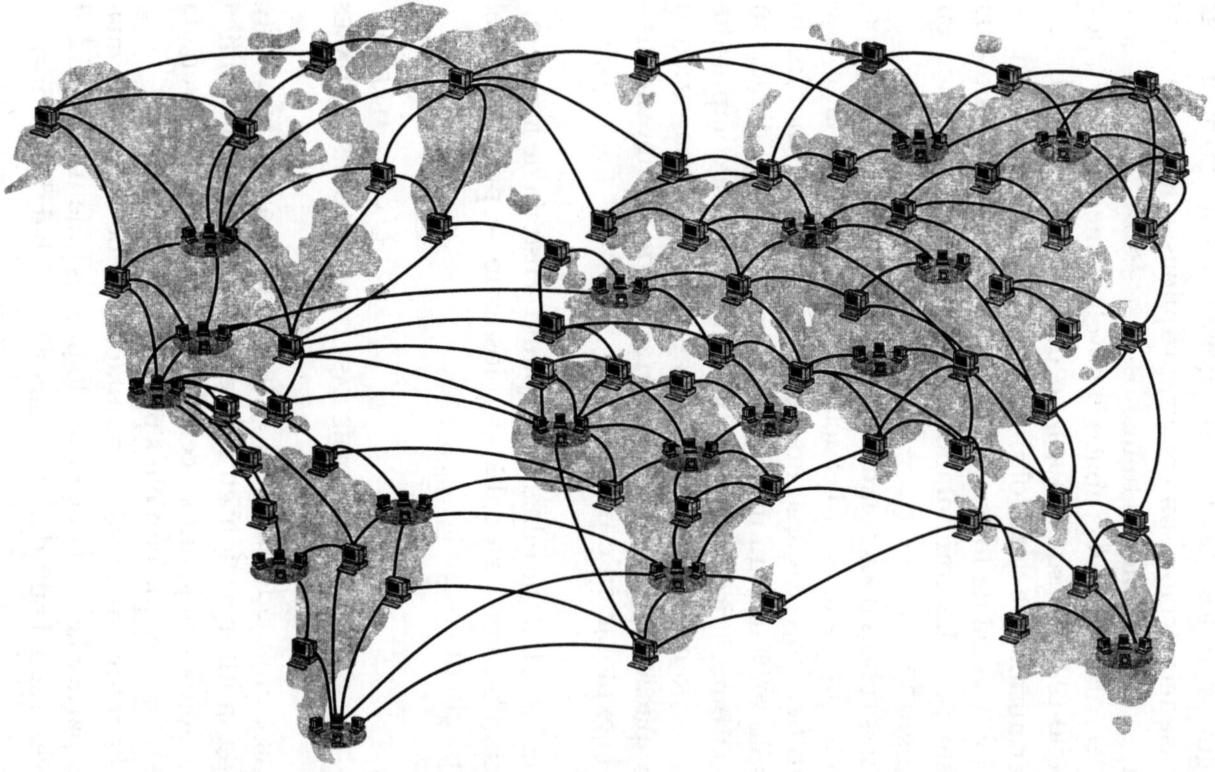

FIGURA V.17. *Esquema simplificado de la red de Internet en el mundo.*

Algo sobre los robots

Algunos de los más famosos personajes de las películas de ciencia ficción son robots, máquinas automáticas que hacen cosas como los humanos.

La palabra robot la aplicó el novelista checo Karel Capek (1890-1938) en su obra *R. U. R.*, de 1920, para describir un mecanismo que desarrollaba las labores de una persona.

La historia de los robots tiene un origen diferente a la historia de las computadoras, aunque ambas se unen en el siglo XX.

Los robots nacieron del deseo humano de fabricar aparatos que facilitaran las actividades físicas. Durante mucho tiempo estos aparatos fueron puramente mecánicos y sólo servían para una tarea única. En la actualidad son electromecánicos y están gobernados por una computadora, por lo que pueden ser utilizados en una gran variedad de aplicaciones, desde la construcción de automóviles hasta la exploración espacial.

Con los robots terminaba el capítulo "Historia de la computación"; como ya estaba engolosinado se puso a leer el capítulo que seguía.

Lo que aprendió sobre las computadoras actuales

Una computadora digital es una máquina que convierte toda la información en números binarios. Esto significa que sólo maneja unos y ceros. Sin embargo, está diseñada de tal modo que con ellos puede hacer de todo.

Para funcionar, una computadora debe constar de cuatro partes: la unidad central de procesamiento, la unidad de entrada, la unidad de salida y la unidad de memoria.

La unidad central de procesamiento (UCP) es el "cerebro" de la computadora; está encargada de hacer las operaciones matemáticas y de controlar los procesos.

La UCP agrupa dos partes principales: la unidad de control y la unidad aritmético-lógica.

La unidad de control ejecuta las instrucciones de los programas, mientras que la unidad aritmética y lógica realiza, por un lado, operaciones aritméticas como sumas, restas, multiplicaciones y divisiones y, por otro lado, operaciones lógicas como comparaciones, conjunciones, disyunciones y negaciones.

Para que la UCP pueda ser realmente útil, necesita comunicarse con el exterior. Esto lo hace por medio de la unidad de entrada y la unidad de salida. La unidad de entrada recibe datos desde el exterior de la computadora, mientras que la unidad de salida emite resultados al exterior.

Los aparatos que sirven para enviar datos a la UCP, o recibirlos, son llamados dispositivos periféricos.

Los "dispositivos periféricos de entrada" son usados para introducir la información. Los más comunes son el teclado y el *mouse* o "ratón", pero hay muchos otros: palancas de mando, micrófonos, cámaras de video, lectoras de código de barras, etcétera.

En el otro extremo, los "dispositivos periféricos de salida" sirven para que el usuario reciba los resultados. Los más usados son los monitores y las impresoras, aunque también son periféricos de salida las bocinas o las graficadoras de planos.

Finalmente, para guardar los datos e instrucciones se utiliza la memoria. Hay dos tipos de memoria: la primaria y la secundaria.

La "memoria primaria" es totalmente electrónica; guarda programas y datos que son de uso inmediato.

La RAM (Random Access Memory, o memoria de acceso

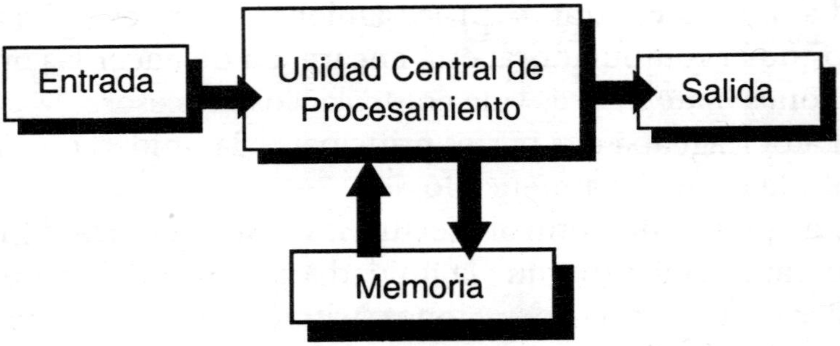

FIGURA V.18. *Diagrama lógico de la computadora, del autor.*

aleatorio) es la parte de la memoria primaria donde se pueden guardar datos, aunque se borra si le falta electricidad. La ROM (Read-Only Memory, o memoria exclusivamente para lectura) es, por su lado, la parte que trae información de fábrica y es imborrable.

Por otra parte, la "memoria secundaria" es externa a la computadora y se utiliza para almacenar datos por tiempo prolongado. Los elementos más usados son los discos flexibles (diskettes) y los discos duros. Los discos almacenan datos mediante el magnetismo.

Otro medio, muy utilizado últimamente, es el llamado CD-ROM, que es muy parecido al disco compacto de audio. En el CD-ROM los datos son almacenados como perforaciones microscópicas que son leídas mediante un rayo láser. Este disco se graba una vez y después no se puede borrar.

En esto estaba cuando llegó la bibliotecaria a avisarle que ya iban a cerrar. Con gran disgusto devolvió el libro y se retiró a su casa.

LO QUE PENSÓ AL FINAL DEL DÍA

Al llegar la noche se quedó meditando un rato:

"Todo lo que he visto sobre las computadoras es maravilloso; son más profundas y más útiles de lo que creí por los anuncios." Pero un pensamiento lo entristeció:

"Casi todo lo que leí son cosas que vienen de fuera. De computación en México vi muy poco. Mis profesores me dijeron que es por nuestra situación económica, que dependemos de la tecnología extranjera y no nos queda más que limitarnos a usarlas."

Pero su carácter tendía más al optimismo que al pesimismo, y tras reflexionar unos instantes cambió de ánimo:

"Creo que en realidad falta gente que se anime a entrarle. Aun con nuestras limitaciones podemos aportar mucho, especialmente para nosotros mismos. Tenemos que buscar la oportunidad de ayudar al país y a nuestra gente con tecnologías tan notables como la que ofrecen las computadoras. Sólo es cuestión de echarle ganas."

Y mientras pensaba esto, se fue quedando dormido. Al día siguiente continuaría aprendiendo computación, pues deseaba aprovecharla al máximo.

OTROS LIBROS QUE VIO EN LA BIBLIOTECA...

Asimov, Isaac, *Enciclopedia biográfica de ciencia y tecnología,* Alianza, México, 1989.

Computación I-Introducción a la Computación, Antologías para la actualización de los profesores de enseñanza media superior, UNAM/Porrúa, México, 1987.

Enciclopedia práctica de informática, Algar, España, 1987.

Hechos y pormenores, Selecciones del Reader's Digest, México, 1986.

Inventos que cambiaron al mundo, Selecciones del Reader's Digest, México, 1983.

Krol, Ed, *Conéctate al mundo de Internet,* McGraw-Hill, segunda edición, México, 1994.
Lara Aparicio, Miguel, *Antología de matemáticas,* segunda edición, UNAM, col. Lecturas Universitarias, núm. 7, México, 1983.
Levine, Guillermo, *Estructuras fundamentales de la computación,* McGraw-Hill, México, 1996.
Pylyshyn, Zenon W. (comp.), *Perspectivas de la revolución de los computadores,* Alianza, Madrid, 1975.
Tucker, Allen B., *Lenguajes de programación,* McGraw-Hill, segunda edición, México, 1988.
Vasconcelos Santillán, Jorge, *Introducción a la computación,* Cultural, México, 1997.

VI. El vapor sobre el espejo

Vicente Talanquer Artigas

> En su taller, que abarcaba las dos habitaciones del sótano, Paracelso pidió a su Dios, a su indeterminado Dios, a cualquier Dios, que le enviara un discípulo.
>
> *La rosa de Paracelso,* JORGE LUIS BORGES

...CUANDO ENTRÓ a la regadera, los vidrios de la ventana y el espejo se habían empañado... A veces la vida es un misterio. Uno coloca un pocillo lleno de agua sobre la flama de una estufa, y al poco tiempo el líquido empieza a burbujear y se escapa sin remedio hasta que ya no queda nada. En otras ocasiones, el agua líquida aparece de repente, como cuando se exhala directamente sobre un vaso de vidrio frío o cuando se empaña el espejo del baño después de un regaderazo con agua caliente. ¿Y qué decir de la formación de la lluvia?, basta con que te agarre de malas para que así, sin más ni más, uno esté perdido en medio del aguacero.

¿Qué le pasa al agua cuando hierve?, ¿de dónde sale el agua de lluvia?, ¿por qué se empañan los espejos? Todo esto parece un truco; abracadabra y ahora está, abracadabra y ahora no. Es posible que sea cuestión de magia, de invocar a los demonios, de decir la palabra justa en el preciso momento. A lo mejor lo que pasa es que el agua se transforma en aire, y el aire en fuego. ¿Qué tal si los espejos sudan, muertos de calor, o de miedo por el reflejo? Quizás la lluvia es llanto por la nostalgia de mejores tiempos.

Todo esto puede parecer broma, pero alguna vez en la historia de la humanidad tales preguntas se ganaron estas respuestas. La manera en que hoy las contestamos es el resultado de siglos de un intenso esfuerzo de los seres humanos por comprender el mundo que los rodea. En este camino se forjaron las ideas que en la actualidad nos permiten actuar sobre la naturaleza para conocerla, transformarla y conservarla. Hoy a lo mejor es fácil decir que en estos fenómenos el agua sigue siendo agua, y sólo se evapora o se condensa. Hace cientos de años esta sola idea habría desatado la ira de los dioses y sacudido las entrañas de la tierra.

Siempre que uno decide contar una historia se da cuenta de que hay muchas maneras de hacerlo. Yo había pensado, por ejemplo, empezar a narrar las diferentes respuestas que los seres humanos le han dado a lo largo de los tiempos a la pregunta ¿por qué se empañan los espejos? Finalmente de eso se trata todo esto: de platicar sobre el desarrollo y los orígenes de una pequeña parte de lo que hoy consideramos nuestro conocimiento científico. Sin embargo, quiero confesar que al poco tiempo de analizar las ideas que conformarían esta historia, me ganó la sorpresa.

Gran parte del problema fue que la pregunta sobre el vapor y los espejos traía cola: una cola tan grande como la historia de la terquedad humana por entender de qué está hecho el universo. Y no sólo de qué está hecho, sino también cómo se transforma. La sorpresa fue darme cuenta de que no había escapatoria: para entender la manera en que hoy explicamos la formación de una gota de agua sobre un vidrio o un espejo había que seguir el largo camino que llevó a descubrir cuál es la estructura de la materia y cuál es el origen de los cambios que observamos en las cosas.

Por ese sendero de la historia de la ciencia la pregunta original se convirtió en una caja de Pandora. Surgieron más preguntas, más sorpresas, varios chismes de familia y hasta la historia de mis ancestros, extraño, ¿no? Para aclarar esto último debo confesar que me dedico a la fisicoquímica, una disciplina científica surgida de un escandaloso divorcio cuyas intimidades salieron también a la luz durante todo este proceso.

Lo que aquí se va a narrar no es un cuento, aunque a veces lo parezca; es más bien la historia apasionante de la lucha incansable por descubrir el lenguaje de la naturaleza. Es una historia llena de batallas, grandes y pequeñas, en las que han participado cientos de hombres y mujeres. Aquí resuena la voz de los buscadores de oro, del elixir de la vida, del secreto de secretos.

Los seres humanos son curiosos por naturaleza; se preguntan constantemente sobre el cómo y el porqué de todo lo que observan. Es esta curiosidad la que ha dado lugar a la ciencia. Pero esto no es nuevo. Durante siglos la gente ha tratado de entender lo que pasa en el mundo que le rodea.

Mucho antes del nacimiento de la ciencia, los seres humanos ya se preguntaban sobre el origen de las cosas. Conocían la nieve, las nubes, la lluvia y el viento; sabían del calor y el frío; de la luz y la oscuridad; de la evaporación y condensación del agua de los mares. Existían hombres que practicaban diversos oficios; los que trabajaban los metales, los agricultores y los médicos. Se reconocían los huracanes y los terremotos; las tormentas eléctricas y el arcoiris; el nacimiento de las cosas y su crecimiento; la descomposición y la muerte.

Esta variedad y complejidad de los fenómenos naturales los sorprendía igual que a nosotros y, como nosotros, desarrollaron teorías para tratar de explicar los hechos que observaban en su vida cotidiana. Teorías simples, quizás, o teorías que para el observador moderno contradicen el sentido común. Sin embargo, para entenderlas y juzgarlas hay que analizarlas en su contexto; hay que aprender a ver el mundo a través de los ojos de quienes las forjaron.

Evaluar las ideas de los seres humanos del pasado desde su propia perspectiva no siempre es fácil, sobre todo cuando no somos capaces de reconocer la gran cantidad de cosas que en la actualidad damos por hechas sin que sean evidentes. Hoy, por ejemplo, un estudiante de secundaria o preparatoria puede distinguir con facilidad entre fenómenos físicos, químicos y biológicos. Esta clasificación, sin embargo, sería prácticamente incomprensible para un filósofo del siglo XVI; la distinción que hoy se hace entre los diferentes tipos de fenómenos es resultado del trabajo y la experiencia de muchos seres humanos, y no surgió por arte de magia.

Las teorías humanas sobre la composición de las cosas y cómo se transforman han sido muy ricas y variadas. No obstante, en esta historia veremos cómo ciertas ideas y preguntas aparecen una y otra vez, de manera recurrente.

Por ejemplo, la gente se ha preguntado un sinnúmero de veces si la materia que forma a los seres vivos tiene las mismas propiedades que la que forma a los objetos inanimados. ¿Es que acaso los minerales se "reproducen" en el interior de la tierra como un bebé nace del cuerpo de su madre? Otros han cuestionado si el comportamiento de las cosas depende de la estructura interna que poseen, o si es más importante el propósito para el que sirven. ¿El corazón funciona como una bomba por la estructura que tiene o porque su propósito es impulsar la sangre a través del cuerpo? Hay una tercera pregunta que se ha repetido constantemente: ¿está la materia formada por pequeñas partículas o es una entidad continua? En pocas palabras: ¿existen los átomos? Éstas son algunas de las interrogantes que nos guiarán en esta aventura, y en sus respuestas se esconden los secretos y razones del vapor sobre el espejo.

HACE CIENTOS DE AÑOS...

Mucho antes de que los seres humanos generaran teorías para explicar el comportamiento del mundo ya habían aprendido a dominarlo. A través de las artes naturales, como la medicina y la agricultura, o de las técnicas artificiales como la forja de metales, la perfumería y la vidriería, se había iniciado la gran empresa de imitar a la naturaleza. Los restos arqueológicos con los que contamos y algunos escritos antiguos revelan que para el año 3500 a.C. algunas civilizaciones humanas ya trabajaban los metales para elaborar armas y herramientas.

Sin explicaciones claras y sin necesidad de entender las causas, estos artesanos reverenciaban el poder transformador del fuego. En su trabajo diseñaron técnicas que con el tiempo fueron fundamentales para el desarrollo de varias ciencias. Un caso interesante es el de los perfumeros, o mejor decir, de las perfumeras, pues ésta era una actividad de la que se hacían cargo las mujeres. Con ayuda de recipientes especiales en los que colocaban agua y plantas previamente machacadas, la perfumera calentaba la mezcla hasta hacerla hervir y condensaba el vapor sobre una superficie fría que conducía a un recipiente separado. De esta forma, hace más de cinco mil años, se usaba la *destilación* para obtener perfumes; se perfeccionaba así una técnica que sería pieza clave para entender las transformaciones de la materia.

¿Qué se preguntaban las perfumeras sobre los fenómenos que observaban?, ¿qué idea tenían sobre la acción del fuego sobre la mezcla que destilaban?, ¿en qué pensaban cuando veían que el agua se evaporaba?, estas artesanas vivieron en una época en la que los seres humanos, maravillados por los poderes de la naturaleza, que querían controlar o propiciar, se dirigían a ellos usando el mismo lenguaje que empleaban en sus relaciones personales. Les daban nombre, los invocaban, les ofrecían sacrificios para tenerlos de su lado, para que se manifestaran.

Muchas de las recetas artesanales conocidas de esa época son una combinación de instrucciones tan técnicas como las que nos daría un vidriero moderno, mezcladas con algunas recomendaciones de carácter ritual para propiciar la ayuda de los dioses. Los antiguos artesanos, como los de hoy, eran prácticos. Menos preocupados por el porqué de las cosas que por los resultados que obtenían, preferían asegurarse la buena disposición de los poderes que invocaban que arriesgarse a cuestionarlos y ponerlos en su contra.

Los rituales fueron desarrollados como un primer intento por controlar los poderes de la naturaleza, pero no sólo por conveniencia, sino para asegurar que el ser humano viviera en armonía con el orden cósmico. Se tenía una vi-

Astro	*Metal*	*Símbolo*	*Día de la semana*
Sol	Oro	☉	Domingo
Luna	Plata	☽	Lunes
Marte	Hierro	♂	Martes
Mercurio	Mercurio	☿	Miércoles
Júpiter	Estaño	♃	Jueves
Venus	Cobre	♀	Viernes
Saturno	Plomo	♄	Sábado

sión del mundo en la que los asuntos terrenales y los divinos estaban relacionados. Los babilonios, por ejemplo, consideraban que los siete cuerpos celestiales (el Sol, la Luna y los cinco planetas conocidos hasta entonces) se movían y transformaban en armonía con siete sustancias metálicas en la Tierra, con siete colores y con los siete días de la semana. Sus templos tenían siete niveles y se creía que el alma se transformaba a su paso por siete etapas, comenzando por la base, representada por el plomo, hasta alcanzar la cumbre, simbolizada por el oro.

Las explicaciones que se daban a los fenómenos naturales eran una mezcla de sentido común y astrología. Los babilonios creían que los metales crecían en el interior de la tierra y eran el producto de una diosa madre, pero también pensaban que los humanos podían acelerar este proceso a través de procedimientos adecuados. El sistema intelectual de la época era más que pura mitología, pero menos de lo que hoy llamaríamos una teoría científica. Había plena conciencia de que los diversos procesos de la naturaleza estaban relacionados entre sí, pero se tendía a simplificar sus conexiones.

Esta tradición técnica y artesanal evolucionó en el transcurso de los siglos bajo la premisa de aprender a producir más y mejores cosas. Con el tiempo, y si no a partir de ella sí junto a ella, nació otra tradición de igual importancia: la de preguntarse el porqué de las cosas. La observación de la naturaleza y el estudio de las técnicas artesanales se convirtieron en las herramientas de otro grupo de seres humanos que, más que intentar destruir la visión de sus ancestros, buscaban darle sentido. El lugar: Grecia. La fecha: alrededor del siglo VI antes de Cristo.

Los clásicos

Los filósofos griegos desarrollaron una escuela de pensamiento que hoy conocemos con el nombre de *filosofía natural.* Se distinguieron por su curiosidad crítica y por su fe inquebrantable en que el comportamiento de la naturaleza estaba regido por principios inmutables que podían conocerse; principios que estaban al alcance de los seres humanos para ser analizados y discutidos. Proclamaron a los cuatro vientos que más que preocuparse por influir sobre la voluntad de los dioses, había que tratar de entender la lógica detrás de sus actos.

Los primeros filósofos hicieron un esfuerzo formidable por racionalizar la visión del mundo que heredaron de sus ancestros. Es por eso que las primeras teorías sobre la estructura de la materia se parecen a los antiguos mitos. Tales de Mileto (640-546 a.C.), por ejemplo, supuso que el principio fundamental que daba lugar a todas las cosas era el agua. Aunque su teoría se basó en observaciones del mundo que lo rodeaba, la idea central siguió siendo similar a la que se encuentra en diversas narraciones mitológicas sobre la creación: un mundo surgido de la profundidad de las aguas.

¿Qué llevó a Tales a pensar que el ingrediente fundamental de todas las cosas era el agua? En cierta medida es fácil imaginarlo. El agua está en todas partes y participa en un sinnúmero de fenómenos naturales. Es una sustancia versátil que podemos encontrar ya sea como sólido, líquido y vapor, y se transforma casi como si estuviera viva. Es además ingrediente fundamental para el crecimiento y desarrollo de los seres vivos. En su crítica a las teorías de Tales, Platón (427-347 a.C.) presentó una excelente visión de las transformaciones que tiene el agua para generar múltiples cosas:

> Considera primero la sustancia que llamamos agua. Cuando se comprime, la observamos —o eso suponemos— convertirse en tierra y roca y, la misma sustancia, cuando se evapora y dispersa, se transforma en viento y en aire; el aire atrapa al fuego y se convierte en llama; mientras tanto, invirtiendo el proceso, el fuego volverá a ser aire si se comprime y extingue, y el aire se volverá nube y niebla. De aquí, si se comprime más, fluirá agua; y del agua surge la tierra y la roca otra vez: de esta forma —así parece— todo forma parte de un ciclo de transformaciones recíprocas.
>
> "Timeo", *Diálogos,* PLATÓN

Al analizar estas ideas uno se cuestiona qué habría respondido Tales de Mileto a la pregunta: ¿por qué se empañan los espejos?

Detrás de la visión de Tales se esconde la creencia de que, a pesar de la gran diversidad de las formas naturales, existen elementos fundamentales que son comunes a todas las cosas. Es sorprendente descubrir que a lo largo de la historia de la ciencia esta manera de pensar ha sido cuestionada pocas veces. La serie de especulaciones que se inician con las teorías del filósofo de Mileto van encaminadas a descubrir cuáles son y qué características tienen estos principios, pero no en contra de su existencia.

Originario también de la isla de Mileto, Anaxímenes (560-500 a.C.) siguió la línea de pensamiento de Tales y aceptó la idea de la existencia de un componente único y común a todas las cosas. Sin embargo, para él, este ingrediente era el *pneuma* o aire, una sustancia a la vez material e invisible, inodora e incolora. En su teoría, este filósofo introdujo una idea adicional que sería recuperada por otros pensadores: sugirió que los diferentes estados en los que se encontraba la materia correspondían a estados más o menos comprimidos del *pneuma*. Las transformaciones entre los objetos sólidos, líquidos o gaseosos eran entonces sólo el resultado de las expansiones y compresiones sufridas por este aire. Desde este punto de vista, ¿es que acaso el vapor se convierte en agua sobre un espejo frío porque éste comprime al *pneuma* que lo compone?

Bajo este mismo esquema, y casi medio siglo después, Heráclito (536-470 a.C.) propuso al fuego como constituyente fundamental de todas las cosas. Sin embargo, para ese entonces las teorías basadas en la existencia de un elemento único ya habían sido duramente criticadas. Si el fuego, que es caliente y seco, era el ingrediente fundamental de todo, ¿cómo podía dar lugar a los ríos y mares que son fríos y húmedos? Si existía un elemento universal —se especulaba— éste no debía poseer características que lo distinguían; si las tuviera, éstas aparecerían reflejadas en toda la materia.

Empédocles (490-430 a.C.) logró resolver este dilema introduciendo una de las teorías que más influencia tuvo en el desarrollo científico de los siguientes dos mil años. Su doctrina de los cuatro elementos, en la forma que le daría el filósofo griego Aristóteles (384-322 a.C.), casi un siglo después, fue indiscutiblemente la base sobre la que se construyó nuestra propia visión sobre la composición del universo.

Sería demasiado simple suponer que la idea central detrás de esta nueva teoría era que todas las cosas estaban formadas por la combinación de cuatro elementos: fuego, aire, agua y tierra. De alguna manera esto es y no es lo que pensaban filósofos como Empédocles y Aristóteles. Este último estaba más interesado en entender qué principios eran responsables de la diversidad de las formas naturales que en descifrar cuáles eran sus constituyentes fundamentales. Para él era más importante conocer las *propiedades* o características de la materia que identificar sus *componentes*. En lugar de preguntarse si esto o aquello estaba formado por agua o aire, se preguntaba si era frío y húmedo, o húmedo y caliente.

En la teoría de los cuatro elementos se suponía la existencia de una sustancia fundamental, la *prima materia*, sobre la que se imprimían cualidades contrarias: frío y caliente, seco y húmedo. Las combinaciones en pares de estas cualidades daban lugar a los principios o elementos fundamentales (figura VI.1).

Toda la materia estaba constituida por estos cuatro elementos combinados en diferentes proporciones. La alteración de sus cualidades daba lugar a la transformación de un elemento en otro y, en particular, se pensaba que las cualidades de frío o caliente eran los principios activos responsables de todo cambio.

En esta visión el agua corriente, formada principalmente por el elemento húmedo-frío llamado agua, puede transformarse en el elemento húmedo-caliente que es el aire, si la cualidad de estar frío se reemplaza por la de estar caliente (lo cual sucede al calentarla). El vapor, por su parte, formado esencialmente por el elemento aire, es capaz de empañar un espejo cuando pierde la cualidad de estar caliente al entrar en contacto con un material rico en tierra como es el vidrio, que es seco y frío.

Dentro de esta teoría, la vaporización, la condensación o la solidificación del agua implicaban la transformación de un elemento en otro. En esa época, y durante muchos

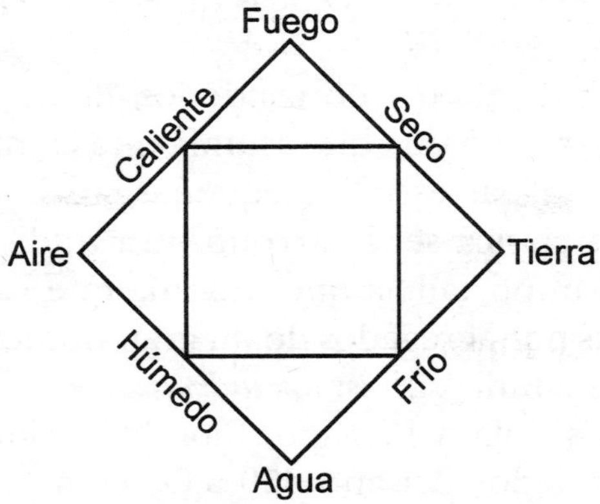

FIGURA VI.1. *Los cuatro elementos y las cuatro cualidades en el cuadrado aristotélico.*

siglos después, la distinción que hoy hacemos entre cambios físicos y cambios químicos carecía de sentido. Evaporar agua era una transformación del mismo tipo que la que sufría un trozo de madera al ser quemado; los dos materiales se convertían en algo distinto.

La teoría aristotélica sobre la composición y las transformaciones de la materia contenía otros principios que permitían dar una explicación razonable a un gran número de fenómenos naturales. Los elementos tenían asignadas localizaciones naturales en la tierra; los cuerpos celestes estaban formados por un quinto elemento, o "quintaesencia". Todo cambio se daba de acuerdo con un propósito, y las transformaciones de la materia inanimada se concebían de la misma manera que los cambios fisiológicos en los seres vivos. Sobre esta base se construyó la escuela de pensamiento que dominaría a lo largo de la Edad Media. Sin duda, para nosotros, se trata de otro mundo, otra época; otra forma de pensar y enfrentarse a los problemas.

En forma paralela a las teorías de los elementos que hemos descrito, surgió una que asumía que la materia podía subdividirse en partes más pequeñas sin límite alguno. En la Grecia clásica se desarrolló otra tradición intelectual de gran importancia que suponía que las cosas estaban formadas por agregados de un gran número de unidades invisibles e indivisibles: los *átomos*.

Aristóteles señala a Leucipo, filósofo nacido en Mileto que vivió alrededor del año 450 a.C., como fundador de esta línea de pensamiento. Este filósofo visualizaba a los átomos como el límite más allá del cual ninguna sustancia puede ser dividida. Estas partículas se mantenían en movimiento constante y estaban separadas unas de otras por vacío. Los átomos de Leucipo podían tener todo tipo de apariencias y tamaños; podían ser rugosos o lisos; cóncavos o convexos, pero sus formas eran inmutables. Interactuaban unos con otros a través de choques y como resultado de estas colisiones se unían para formar toda clase de objetos.

Las ideas de Leucipo fueron adoptadas y extendidas por otro filósofo griego, Demócrito (470-380 a.C.), para quien la razón y la especulación teórica eran el mejor camino para descifrar la estructura de la materia sin ser engañado por los sentidos. ¿Cómo creer que los átomos existen si son tan pequeños que resultan invisibles? Aunque nos parezca extraño, Demócrito pensaba que la propia incapacidad de los seres humanos para observar o "sentir" a los átomos fortalecía la idea de su existencia.

Para el año en que nació Platón (427 a.C.) las teorías de los atomistas como Leucipo y Demócrito y las ideas de Tales (640-546 a.C.), Anaxímenes (560-500 a.C.), Heráclito (536-470 a.C.) y Empédocles (490-430 a.C.) sobre los constituyentes esenciales de la materia ya estaban en el aire.

Al igual que lo haría Aristóteles unos años después, aunque por un camino distinto, Platón analizó cuidadosamente las doctrinas rivales que se le presentaban, sopesó sus méritos y fracasos, y se sirvió de ellas para elaborar su propio sistema del mundo.

Para Platón la materia estaba compuesta por los cuatro elementos básicos: fuego, aire, agua y tierra, que se distinguían entre sí por la forma geométrica de los átomos que los formaban. Los átomos del elemento tierra eran cúbicos, pues eso aseguraba la estabilidad de los cuerpos sólidos, y los del fuego eran tetraédricos, lo que los hacía ligeros y les daba gran movilidad. Los átomos del aire eran octaédricos y los del agua, icosaédricos, otros dos sólidos regulares a quien Platón atribuía propiedades físicas y geométricas intermedias entre el cubo y el tetraedro (figura VI.2).

Los átomos de Platón diferían de los de Leucipo y Demócrito no sólo porque poseían un número limitado de formas, sino porque no eran inmutables. La superficie de todas las figuras geométricas mencionadas puede construirse a partir de dos tipos de triángulos rectángulos, como se muestra en la figura VI.3.

Platón propuso que los elementos podían transformarse unos en otros mediante la disociación y reacomodo de estos triángulos elementales. Esta idea no sólo permitía decidir cuál era el resultado de una transformación, sino cuántos átomos de cada tipo podían formarse en el proceso.

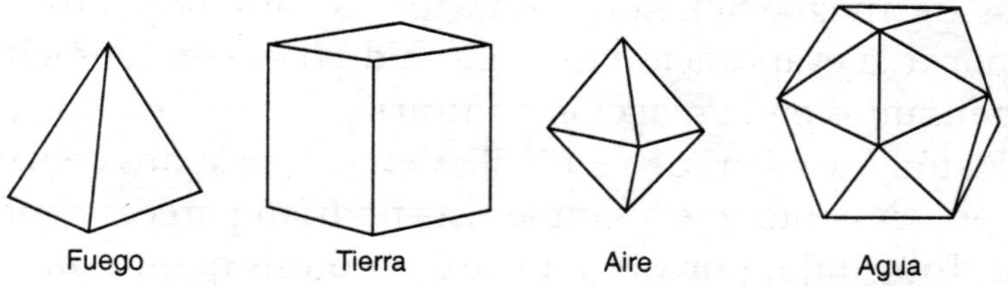

FIGURA VI.2. *Representación de las formas platónicas para los átomos de los cuatro elementos.*

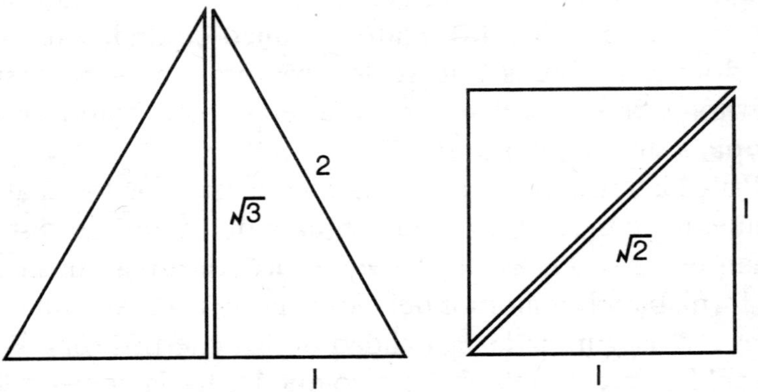

FIGURA VI.3. *Forma en que se pueden descomponer las superficies de los átomos de Platón para generar triángulos rectángulos.*

Por ejemplo, tomemos un átomo icosaédrico de agua, el cual tiene 20 caras triangulares (o 40 medios triángulos rectángulos) e imaginemos que lo transformamos por calentamiento. ¿Qué puede pasar?, ¿qué resulta? Aunque existen varias combinaciones posibles, Platón propuso que en este proceso se formaban dos átomos de aire ($2 \times 8 = 16$ caras triangulares) y uno de fuego (4 caras triangulares):

$$\text{Agua} \rightarrow 2\ \text{Aire} + \text{Fuego}$$

Cada átomo de aire, a su vez, podía dar lugar a dos átomos de fuego. Sin duda, una forma muy ingeniosa de explicar la evaporación de un líquido o su condensación, si pensamos en la reacción contraria.

Platón fue capaz de reconciliar en su teoría dos escuelas de pensamiento que a simple vista podrían parecer contrarias. Introdujo, por primera vez, hipótesis que permitían hacer predicciones cuantitativas sobre las transformaciones observadas. ¿Muy lejos de la realidad?, quizás, pero estableció una forma de acercarse al conocimiento de la naturaleza que no sólo se preocupaba por el porqué de las cosas, sino por el cómo y por el cuánto (figura VI.4).

INTERMEDIO

Un gran número de las teorías sobre la estructura de la materia de los filósofos griegos sobrevivieron el tránsito de la antigüedad clásica a la época medieval. Sin embargo, el pensamiento filosófico de la Edad Media se vio dominado por dos grandes influencias. La primera, la visión aristotélica conformada por la doctrina de los cuatro elementos y la creencia de que las transformaciones de la materia podían entenderse como procesos de desarrollo para alcanzar un estado más "perfecto". La segunda, la teoría del *pneuma,* iniciada por Anaxímenes, y sorprendentemente revitalizada por los estoicos.

La escuela filosófica de los estoicos, que se centraba en el dominio de la propia sensibilidad, se inició alrededor del año 300 a.C., y sus doctrinas se desarrollaron a lo largo de los siguientes 500 años. Convencidos de que nada se daba por azar en la naturaleza, consideraban que el propósito de la vida humana era descubrir el carácter de las leyes del Universo y aprender a vivir en armonía con ellas. En

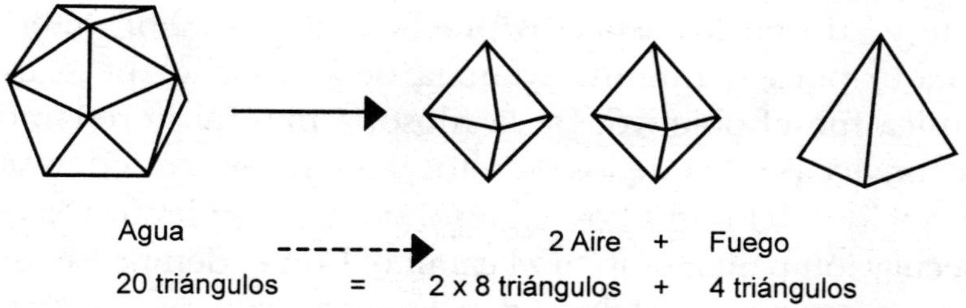

FIGURA VI.4. *Esquema de la reacción de descomposición del agua de acuerdo con Platón.*

su visión sobre la naturaleza de los cuerpos materiales, pensaban que las propiedades de un objeto no podían explicarse analizando solamente las características de sus componentes individuales.

Los estoicos creían en la existencia de una sustancia material, muy tenue y continua, que penetraba en todas las cosas y era la responsable de mantener la cohesión de los objetos. Esta sustancia, el *pneuma,* podía presentarse en varias formas o estados y estaba compuesta por una mezcla de aire y fuego en proporciones diversas. Las cualidades y propiedades particulares de los cuerpos materiales eran resultado de diferentes estados de tensión en el *pneuma.* El *pneuma* era el portador de la esencia de cada cuerpo y determinaba su función y su estructura.

Las ideas de los estoicos, que quizás hoy parezcan extrañas y poco conocidas, tuvieron una influencia determinante en el desarrollo de las ciencias en la Edad Media. La pieza clave en esta parte de la historia es el *pneuma,* palabra griega que en latín se tradujo como *spiritus.* Extraer y analizar el *pneuma* de las cosas, o liberar su "espíritu", se convirtió en la obsesión de médicos y químicos por más de 15 siglos.

Las teorías desarrolladas por los filósofos griegos y el conocimiento que se derivó de ellas fueron, en gran medida, intuitivos y especulativos. Un artesano de la época, interesado en los aspectos prácticos de su labor, habría sacado poca o ninguna ventaja de todo ello; pero ese nunca fue el objetivo. De la filosofía natural heredamos la convicción de que los secretos del Universo pueden ser conocidos, y los griegos eligieron el razonamiento y la especulación para alumbrar el camino. Con el tiempo encontramos otras rutas, algunas de ellas más tortuosas y oscuras. Apagamos la luz y nos ocultamos, pero aprendimos a buscar entre tinieblas.

Los filósofos de la Edad Media fueron herederos de las más variadas escuelas de pensamiento: desde la filosofía natural de los griegos, que hacía del razonamiento una virtud, hasta la visión gnóstica del mundo en la que el conocimiento verdadero sólo podía ser alcanzado a través del ascetismo, la purificación y las prácticas místicas. Tenían en sus manos tanto la experiencia de milenios de prácticas artesanales muy diversas como las teorías especulativas que trataban de darles sentido, pero sin mancharse las manos con ellas.

Reconciliar posiciones tan extremas siempre es difícil, pero tener la capacidad de utilizarlas para producir un nuevo sistema de ideas y técnicas para enfrentarse con el mundo es obra de titanes. Al hacerlo se corre el riesgo de perderse en el camino; de ser atacado, perseguido, menospreciado. Se abren las puertas para que la historia te juzgue como charlatán, bruja, mago. Ése fue el destino de los alquimistas; los filósofos de la piedra, sus guardianes.

Es difícil establecer cuándo se inició la tradición alquímica; sin embargo, el término "alquimia" señala dos fuentes principales: Egipto y Arabia. La raíz *khem* corresponde al antiguo nombre de la tierra de los egipcios, la región de la tierra negra, mientras que *al* es el artículo definido en lengua árabe. El "arte de la región de la tierra negra" o alquimia nació íntimamente ligado al trabajo de los artesanos del Medio Oriente, que transformaban las sustancias de la tierra para producir nuevos materiales.

Con el surgimiento del dominio árabe, en el siglo séptimo de nuestra era, la tradición alquímica desarrollada en diversos centros de la cultura grecolatina fue absorbida por el islam. Para entonces ya había adquirido los rasgos que conservaría a lo largo de la Edad Media. Se trataba de una doctrina dual, íntimamente relacionada con las artes naturales, como la medicina, y las técnicas artificiales, como la metalurgia, pero llena de misticismo y códigos secretos.

Los alquimistas musulmanes hicieron una contribución enorme a las ideas y técnicas de la tradición alquímica. Tradujeron al árabe muchos de los textos de los filósofos clásicos y los mantuvieron vivos, mientras en Europa eran olvidados. Para finales del siglo XII, el conjunto de conocimientos que habían acumulado empezó a filtrarse en la cultura occidental, que recuperó a Aristóteles y a Platón en lengua árabe.

La alquimia ha sido considerada como una forma rudimentaria de ciencia experimental, pero era mucho más que eso. El alquimista quería penetrar en los misterios de la creación y de la vida; quería transformarse y purificarse a sí mismo a través de la transformación y purificación de la materia. En los crisoles y alambiques del alquimista no sólo se mezclaban sustancias, sino religión, misticismo, filosofía, astrología, mitología y psicología.

En la teoría alquímica se consideraba que todas las cosas materiales tenían un origen común y que podían evolucionar si se las "trataba" adecuadamente; como la fruta verde que puede madurar si se dan las condiciones adecuadas. Los animales, los vegetales y los minerales estaban siempre en constante desarrollo, al igual que el universo entero, al que se concebía como un gigantesco organismo en busca de la perfección.

Para el alquimista el oro, metal precioso, símbolo de la perfección, nacía entonces como resultado de un largo proceso evolutivo en el seno de la tierra. ¿Sería posible acelerar su formación? Si todo metal innoble buscaba alcanzar el estado perfecto, ¿sería posible transformarlo en oro si se conocía el secreto de su evolución? La respuesta a es-

FIGURA VI.5. *Laboratorio de un alquimista.*

tas preguntas era un rotundo sí, pero había que encontrar al agente propicio. Así se inició la búsqueda de lo que unos llamaban la piedra filosofal y otros la tintura o el elixir de la vida. La piedra era la clave; era, al mismo tiempo, el principio y el fin; la meta y el camino.

La teoría del *pneuma* de los estoicos tuvo una gran influencia sobre los alquimistas, quienes consideraban que los cuerpos materiales, al igual que los seres humanos, estaban formados por un "cuerpo" y un "espíritu". Su trabajo consistía entonces en tratar de separar la parte material de las cosas de su parte espiritual. Querían identificar qué componentes de la materia correspondían a cada parte, para poder separarlas y unirlas a su antojo. Pensaban que en esta unión y separación se escondían los secretos del nacimiento y la muerte, de la destrucción y la regeneración del Universo entero.

En esta época la destilación de los líquidos se convirtió en una de las técnicas más usadas para separar los componentes terrestres o "corpóreos" de las cosas, de sus componentes más volátiles o "espirituales". La destilación del vino, por ejemplo, les permitía separar una sustancia que se parecía al agua sin serlo, pues se quemaba con gran facilidad. El *spiritus ardens* o *aqua vitae,* como le llamaban, no era otra cosa que alcohol casi puro, al que todavía en la actualidad se le conoce como "espíritu de vino".

Para los filósofos del fuego, como se conocía a los alquimistas, la evaporación o la separación de los componentes de una mezcla líquida por destilación implicaba una transformación profunda de la naturaleza de las cosas. Evaporar o condensar era equivalente a separar o reunir al cuerpo y al espíritu. ¿En cuántas cosas soñarían al ver desaparecer su imagen entre el vapor condensado sobre la superficie de un espejo?

En las manos de los alquimistas la doctrina de los cuatro

elementos fue transformándose poco a poco. Los elementos opuestos en el cuadrado aristotélico, agua y fuego, adquirieron un nuevo disfraz. El fuego se transformó en "azufre" y el agua en "mercurio". Sin embargo no hay que confundir a estos elementos con los elementos químicos a los que hoy día les damos el mismo nombre. Se trataba de principios abstractos que le comunicaban cualidades a las cosas: el azufre, caliente y seco, era el principio de la inflamabilidad, mientras que el mercurio, frío y húmedo, era el principio de la liquidez.

El azufre y el mercurio se consideraban los componentes básicos de todos los espíritus. En el lenguaje y la simbología de la alquimia se les llamaba y representaba de las más variadas formas. Eran Sol y Luna, hermano y hermana; masculino y femenino, activo y pasivo, león y águila. El objetivo central era extraerlos en su forma más pura para después reunirlos y producir la obra maestra, la piedra filosofal.

La teoría del azufre y el mercurio, que se atribuye al alquimista musulmán Al-Djabir ibn Hayyan (siglo VIII), conocido como Jabir o Geber en el mundo occidental, fue complementada por el médico y alquimista suizo Paracelso (1493-1541), quien incluyó un tercer principio, la sal. Este nuevo elemento era el principio de la fijeza o no volatilidad, y se le consideraba el componente principal del "cuerpo" de las cosas. De esta manera surgió la doctrina de la *Tria Prima* o los tres principios, a los que se les daba sentido tanto material como espiritual. En las propias palabras de Paracelso:

> Sabed, entonces, que los siete metales nacen a partir de estos tres elementos [...] El mercurio es el espíritu, el azufre es el alma, y la sal es el cuerpo [...] El alma, que es en verdad azufre [...] une esos dos contrarios, el cuerpo y el espíritu, y los transforma en una sola esencia [...] Todo aquello que produce humo y se evapora es

mercurio; lo que se inflama y se quema es azufre; y la ceniza que queda es sal.

La alquimia tuvo bajo su encanto a muchos charlatanes e impostores que ofrecían oro a cambio de unos cuantos favores, pero también motivó el trabajo de hombres como Paracelso, que tenían una fe inquebrantable en lo que podían lograr a través de la experimentación y la observación de la naturaleza. Paracelso insistía en que el verdadero objetivo de la alquimia era preparar sustancias para curar a la gente, y no para cubrirla de oro. Gracias a él, la tradición alquímica se alió a la medicina y tomó nuevos aires en forma de *iatroquímica*, o química médica. Con esta nueva cara sobrevivió a los ataques de quienes la menospreciaban o condenaban, y llegó al siglo XVII; tiempo de debates y separaciones.

DIVERGENCIAS

Entre los años 1500 y 1700 d.C. se sentaron las bases para lo que en la actualidad conocemos como la revolución científica de la era moderna. En ese periodo vivieron hombres como Galileo Galilei, René Descartes, William Harvey, Jan Bautista van Helmont, Robert Boyle, Gottfried Leibniz, Roger Bacon, Robert Hooke, Johann Kepler e Isaac Newton. Estos filósofos y científicos compartían la curiosidad y la pasión por descubrir los secretos de la naturaleza, pero siguieron métodos de trabajo distintos para alcanzar su objetivo. Como sus predecesores en la Edad Media, fueron los recipientes de variadas herencias intelectuales, entre las que eligieron su camino.

Algunos de ellos siguieron la tradición escolástica, una forma de ver al mundo en la que las ideas científicas de

FIGURA VI.6. *Representación de la "esencia del mercurio", tomada de un manuscrito italiano del siglo* XVI.

Aristóteles eran ley y habían sido armonizadas con las enseñanzas teológicas de la iglesia medieval. Otros fueron atraídos por la naturaleza empírica y práctica de la alquimia. Unos más recuperaron la tradición especulativa de la filosofía natural y revitalizaron las ideas de Sócrates y Platón; analizaron críticamente la visión aristotélica del mundo y sacaron a la luz desde las máquinas de Arquímedes hasta los átomos de Demócrito y Leucipo.

Poco a poco, la tradición teórica y especulativa de la filosofía natural comenzó a ganar fuerza de nuevo, y sus adeptos se convirtieron en los promotores de las academias de ciencias de la época. Algunos de ellos recuperaron las ideas de los atomistas griegos y propusieron nuevas teorías sobre la estructura y propiedades de la materia. Así, junto a la doctrina aristotélica de los cuatro elementos y la *Tria Prima* de los alquimistas, surgió una tercera alternativa que se conocería con el nombre de "teoría mecánico-corpuscular de la materia".

Los principios de la teoría corpuscular se desarrollaron poco a poco en manos de filósofos y científicos tan notables como Galileo, Descartes, Boyle y Newton. Aunque con diferentes matices, en esta visión se afirmaba que todos los cuerpos están formados por la misma sustancia material, la cual se presentaba en forma de pequeñas partículas —o *minima naturalia,* como se las llamaba— que eran impenetrables e indivisibles.

El físico y químico británico Robert Boyle (1627-1691), uno de los precursores de esta nueva teoría, consideraba que las "partes diminutas" de un cuerpo podían tener diferentes formas, tamaños y estados de movimiento. Los átomos de Boyle eran tan pequeños que no podían ser detectados por los sentidos, pero se agrupaban en grandes cantidades para dar lugar a los cuerpos visibles. Para este filósofo, el fuego, el aceite o una piedra sólo eran diferentes por la forma y tamaño de sus átomos o la manera en que se movían, pero no porque estuvieran constituidos por elementos distintos. Para provocar un cambio en la materia bastaba entonces con alterar el estado de movimiento de sus partículas.

En este periodo se generaron dos visiones encontradas sobre la estructura y propiedades de la materia, que con el tiempo habrían de fundirse en una sola. Sin embargo, en esa época la discusión entre los partidarios de uno u otro esquema llegó a sacar chispas. La cuestión a debate era si los cuerpos naturales estaban formados por la combinación de varias sustancias elementales (tres, cuatro o más) con propiedades bien definidas, o si existía un sólo tipo de materia común a todas las cosas la cual se organizaba de maneras diversas para dar lugar a las diferentes formas naturales. En general, los científicos que se reconocían como químicos trabajaban bajo la primera premisa, mientras que los que se identificaban como físicos apoyaban la segunda.

Aunque ambos grupos de investigadores estaban convencidos de la necesidad de confrontar sus teorías con la realidad que observaban, su interpretación de las cosas era distinta. Por un lado, los físicos trataban de explicar la variedad de las formas naturales a través de entidades teóricas (átomos, formas y movimientos microscópicos) y especulaciones. Los químicos, por su parte, eran los herederos de la tradición alquímica y estaban interesados en el análisis de los cuerpos en términos de principios palpables (sales, cenizas, vapores) que pudieran obtenerse mediante operaciones de laboratorio.

Los trabajos y las ideas que permitieron resolver esta disputa son parte de la historia del nacimiento de la química moderna. Baste decir aquí que ambos grupos resultaron vencedores: unos por su fe inquebrantable en la existencia de los átomos y los otros por su tenacidad en la búsqueda de sustancias elementales. Sin embargo, para nosotros, llegó la hora de tomar una brecha en el camino y adentrarnos en una de las ramas de este gran debate. Para entender la evaporación y la condensación del agua, para resolver el problema del vapor sobre el espejo, hay que seguir la pista de los investigadores del calor, de los perseguidores del secreto del fuego.

¿Materia o energía?

Como hemos visto, durante siglos el fuego fue considerado una sustancia elemental, tan fundamental y material como el agua misma, caracterizada por dos cualidades: seco y caliente. Era reconocido como el agente de la transformación, el propiciador del cambio, mientras que el calor, su compañero, era la máscara con la que se nos manifestaba, la forma en que percibíamos su presencia a través de los sentidos.

Los promotores de la teoría corpuscular también se preguntaron sobre la naturaleza del calor y del fuego. El astrónomo y físico italiano Galileo Galilei (1564-1642), por ejemplo, consideraba que la sensación de "calor" era provocada por el movimiento de cierto tipo de átomos. De manera similar, Robert Boyle aseguraba que el calor era el resultado del "movimiento local vivo y confuso de las diminutas partes de un cuerpo". Justificaba sus ideas con base en experimentos en los que lo generaba al golpear un objeto con otro o al frotarlos entre sí.

Sin embargo, mientras estos científicos asociaban el calor generado por fricción con el movimiento rápido de los átomos de un cuerpo, le otorgaban una naturaleza distinta si estaba relacionado con el fuego. Al analizar la expansión de una gas o la evaporación de un líquido por efecto del calor liberado en una combustión, tanto el filósofo y matemático francés René Descartes (1596-1650) como Boyle señalaron que el fuego debe estar formado por pequeñas partículas, los "átomos ígneos", que al penetrar en el gas o en el líquido provocan que sus átomos se separen y ocupen más espacio. Convencido de esta idea, Robert Boyle realizó varios experimentos con el fin de determinar el "peso del fuego". Y si hay átomos ígneos, ¿no existirán también los "átomos gélidos" responsables de la condensación del vapor sobre un espejo? Ideas como ésta también fueron consideradas y se hicieron experimentos para averiguar si el frío, como el calor, tenía naturaleza material y cuál era su peso.

A pesar de la falta de claridad que muchos científicos de este periodo expresan en sus escritos sobre el tema, de manera general durante los siglos XVII y XVIII pueden distinguirse dos teorías rivales sobre la naturaleza del calor. La primera, apoyada por gran número de matemáticos y físicos, lo consideraba una manifestación de los movimientos de los átomos que forman un cuerpo. La segunda, aceptada por los químicos, lo concebía como una sustancia material con propiedades similares a las de un fluido muy ligero. Los dos grupos contribuyeron, a su manera, a la solución que le darían a este problema los hombres de ciencia del siglo XIX.

Dentro del primer grupo de científicos encontramos al físico y matemático inglés Isaac Newton (1642-1727), quien estaba convencido de que el calor se relacionaba con los movimientos atómicos y fue uno de los primeros en explicar la evaporación y condensación de los líquidos, utilizando un modelo muy similar al que se maneja en la época moderna: el calor transmitido por un cuerpo aumenta la velocidad de las partículas de un líquido de manera que éstas logran vencer las fuerzas de atracción que las mantienen juntas. Sin embargo, sus ideas en este campo no encontraron eco en la comunidad científica de la época.

Amigo de Newton y famoso por sus trabajos en astronomía (fue descubridor del cometa que lleva su nombre), el astrónomo inglés Edmund Halley (1656-1742) también se preocupó por la naturaleza del calor. Halley tenía la idea de que los átomos de agua se expandían al calentarlos y multiplicaban su volumen hasta nueve veces cuando se evaporaban. Las partículas expandidas estaban llenas con un "aire fino" y ésta era la razón por la que el vapor ascendía en la atmósfera. Este científico fue uno de los primeros en darse cuenta de que la temperatura del agua se mantenía constante durante la ebullición: aún cuando se continúe suministrando calor, éste sólo sirve para evaporar el agua, y la temperatura no aumenta. Gracias a su trabajo y al de otros investigadores que acumularon más información experimental convincente, se reconoció por primera vez que la temperatura de ebullición y congelación del agua no varían si se mantiene la misma presión.

Aunque los físicos hicieron importantes contribuciones a la teoría sobre la naturaleza del calor durante este periodo, sus átomos o corpúsculos siguieron siendo sujetos de duda hasta que el trabajo del químico inglés John Dalton (1766-1844) confirmó que eran reales. Mientras tanto, los que estaban convencidos de que el calor era un fluido introdujeron algunas ideas que con el tiempo resultarían fundamentales.

Alrededor de 1730, el médico y profesor de química holandés Hermann Boerhaave (1668-1738) estableció que el fuego, esa sustancia material que se encontraba en todas las cosas, no podía ser creado *de novo* y que, en cualquier cambio, la cantidad total permanecía inalterada. Aunque de manera indirecta, ésta fue la primera ocasión en que se establece la posibilidad de que el calor se conserve en los procesos en los que interviene. Este principio se convirtió en la guía del trabajo teórico y experimental desarrollado por los químicos durante el siglo XVIII.

Entre los investigadores más notables de esta época se encuentra el químico escocés Joseph Black (1728-1799), quien adoptó una actitud pragmática con respecto al problema del calor. Sin preocuparse demasiado por lo que *era* el calor, se concentró en realizar mediciones de los cambios de temperatura que ocurrían cuando *se transmitía* cierta cantidad de calor. Poco a poco, a través de su trabajo, el principio de conservación del fuego de Boerhaave se convirtió en el principio de conservación del calor.

Interesado en el fenómeno del cambio de estado de los materiales, Black trató de dar una explicación al hecho de que la temperatura no cambiara durante la transformación. ¿Qué hacía que el agua se mantuviera a 100°C mientras hervía o se condensaba? Su idea era que al alcanzar la temperatura de ebullición del sistema, el calor proporcionado se comportaba como una sustancia química que se combinaba con el agua:

$$\text{agua} + \text{calor} \leftrightarrow \text{vapor}$$

Este calor adquiría la forma de un "calor latente", y por esa razón no se registraba ninguna variación en la temperatura del termómetro. Black no sólo definió el concepto de calor latente, sino estableció una manera sencilla para medirlo, con lo que pudo demostrar que tenía un valor particular para cada sustancia.

No es arriesgado afirmar que el clímax de la teoría material del calor se alcanzó en el año de 1789, con la publicación del libro *Traité élémentaire de chimie (Tratado elemental de química)* del químico francés Antoine Lavoisier (1743-

1794). En este texto, Lavoisier señala que para explicar el comportamiento de los cuerpos al calentarlos se puede introducir la hipótesis de la existencia de un fluido sutil que rodea a todas sus partículas y las separa unas de otras:

> Esta sustancia, sea lo que sea, por ser la causa del calor, o, en otras palabras, de la sensación de tibieza que causa su acumulación en los cuerpos, no puede, en lenguaje riguroso, recibir el nombre de calor; porque entonces el mismo nombre expresaría a la causa y a su efecto [...] Por esta razón, hemos distinguido a la causa del calor, o a este fluido exquisitamente elástico que lo produce, con el nombre de *calórico.*

Lavoisier incluyó al calórico en su lista de sustancias simples o elementales, al lado de elementos como el oxígeno, el hidrógeno, el plomo y el oro. Aunque consideraba que no era necesario pensar que se trataba de una sustancia material, decía que bastaba con asumir que era el responsable de mantener separadas a las partículas de un cuerpo. Un objeto era sólido, líquido o gaseoso de acuerdo con la cantidad de calórico que poseyera; estaba en uno u otro estado de agregación dependiendo de si el calórico era capaz de vencer o no a las fuerzas atractivas entre las partículas.

Junto con su identificación de las sustancias elementales, Lavosier también hizo una clasificación de los procesos naturales. Fue uno de los primeros en distinguir tres grandes tipos: *cambios físicos,* en los que se modifica la forma, tamaño y movimiento de los sólidos, la presión sobre un gas y demás; *cambios químicos,* en los que se da la unión o separación de sustancias materiales para formar otros compuestos con nuevas propiedades, y *cambios de estado* entre sólido, líquido y gas, como resultado de la combinación "cuasi-química" del calórico con el material de base.

Las ideas de Lavoisier sobre la naturaleza del calor tuvieron gran influencia sobre sus contemporáneos. Para muchos de ellos, si se estaba convencido de la validez de los principios en los que se fundaba la nueva química era necesario aceptar la existencia del calórico. Cuando en 1808 John Dalton presentó su teoría atómica de la materia incluyó algunas representaciones esquemáticas de los átomos y moléculas más simples, en las que aparecían rodeados por una "atmósfera de calórico".

Adiós al misterio

¿Cómo terminó esta historia? ¿En qué momento nos convencimos de que el calor no era un fluido sino la manifestación del tránsito de energía térmica de un cuerpo a otro? ¿Cómo se reconoció que la evaporación y condensación del agua también son procesos físicos en los que no cambia la naturaleza de este compuesto? Todas estas preguntas encontraron su respuesta a mediados del siglo XIX, de manos del grupo de científicos que harían nacer la rama de la física conocida como *termodinámica.* La lista de sus nombres es enorme; entre ellos se encuentran Davy, Faraday, Rumford, Carnot, Hamilton, Mayer, Joule, Colding, Helmholtz, Clausius, Rankine y Kelvin.

La teoría atómica de Dalton fue la pieza clave que permitió reunir la teoría química de los elementos con las ideas mecánico-corpusculares sobre la constitución de la materia. Gracias a ella quedó claro que tanto los átomos como los elementos eran reales. Sin embargo, para entender cómo se daban las transformaciones de la materia, todavía faltaba darle claridad a uno de los conceptos que se convertiría en el eje central del trabajo científico durante el siglo pasado: la energía. Los pasos definitivos en esa dirección se dieron en la década de 1840, cuando el físico alemán Julius Robert Mayer (1814-1878) y su colega inglés James Prescott Joule (1818-1889) establecieron la conexión entre la energía de movimiento de las cosas, o *vis viva,* y la naturaleza del calor.

Los dos realizaron experimentos que permitieron demostrar que existía una relación estrecha entre la energía proporcionada a un sistema en forma de trabajo mecánico y la transmisión de calor. Joule calculó con bastante precisión lo que hoy se conoce como el *equivalente mecánico del calor,* es decir, la cantidad de energía mecánica que hay que proporcionar para elevar en un grado centígrado la temperatura de un gramo de agua. En sus experimentos usó una paleta mecánica para agitar y calentar el líquido; si esta simple acción mecánica, que debía aumentar la rapidez con la que los átomos se movían, provocaba el mismo efecto que el de una flama, era porque el calor que ésta transmitía ejercía una acción similar sobre las partículas.

De esta manera empezó a fortalecerse la idea de que el calor era tan sólo una forma de energía que se transfería de los cuerpos calientes a los cuerpos fríos. La ganancia o pérdida de este tipo de energía alteraba la rapidez de los movimientos de las partículas y esto se reflejaba en una variación de la temperatura. El calor no era un fluido que evitaba que los átomos se pegaran unos con otros por acción de sus fuerzas atractivas. En el nuevo lenguaje que empezó a construirse en este periodo, los cambios producidos por el calor eran el resultado de la competencia entre la energía de movimiento (o cinética) y la energía de interacción (o potencial) de las partículas.

Con esto llegamos a la solución de la pregunta que nos ha ocupado a lo largo de este viaje: el modelo que se maneja en la actualidad supone que el vapor de agua se condensa formando pequeñas gotas sobre un espejo frío por-

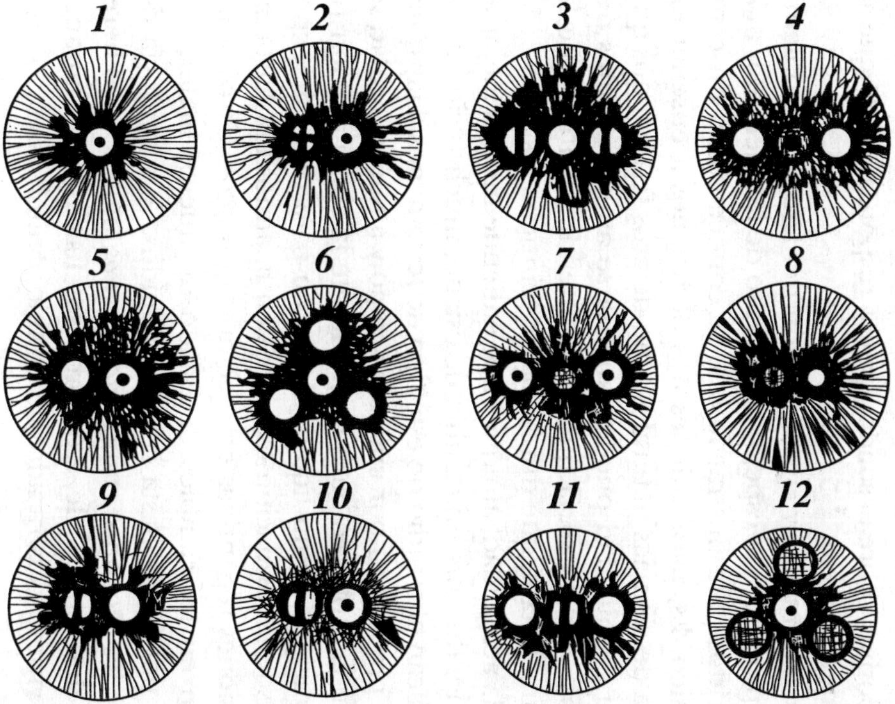

FIGURA VI.7. *Algunos de los primeros diagramas de Dalton para átomos y moléculas. La región sombreada representa a la "atmósfera de calórico".*

que las moléculas de gas, al chocar con las partículas del material sólido, les transfieren parte de su energía cinética. Las moléculas de vapor cercanas a la superficie del espejo viajan entonces a menor velocidad y las fuerzas de atracción entre ellas permiten que se reúnan en pequeños agregados. Estos cúmulos de moléculas, que se forman o se depositan sobre el sólido, son los responsables de que se empañe el espejo.

La evaporación y condensación del agua, el problema del vapor sobre el espejo, es hoy uno de los ejemplos más socorridos para ilustrar lo que se conoce como un cambio físico. Es, para quienes nos dedicamos a enseñar en el área de ciencias naturales, uno de esos fenómenos que por su simplicidad pueden analizarse aun con niños pequeños. ¿Quién diría que para entenderlo hubo que librar una batalla que duró más de veinticinco siglos?

En la actualidad, aunque ya se entiende mucho mejor lo que pasa durante un cambio de estado, muchos científicos se dedican al estudio de este tipo de fenómenos. Hay quienes se preocupan por entender cómo y a qué velocidad se forman las gotas (o burbujas) durante la condensación (o evaporación) de un líquido; lo hacen para tratar de explicar desde la formación de nubes en la atmósfera hasta las explosiones repentinas en reactores químicos. Otros se interesan en los cambios de estado de nuevos materiales, desde polímeros hasta cristales líquidos. A la mayoría de ellos se les reconoce como *fisicoquímicos*, pues son los herederos del estudio de esos procesos físicos que, durante siglos, vivieron disfrazados de cambios químicos.

Epílogo

Al terminar de narrar una historia y releerla, uno se da cuenta de que está llena de huecos, de cosas que debieron

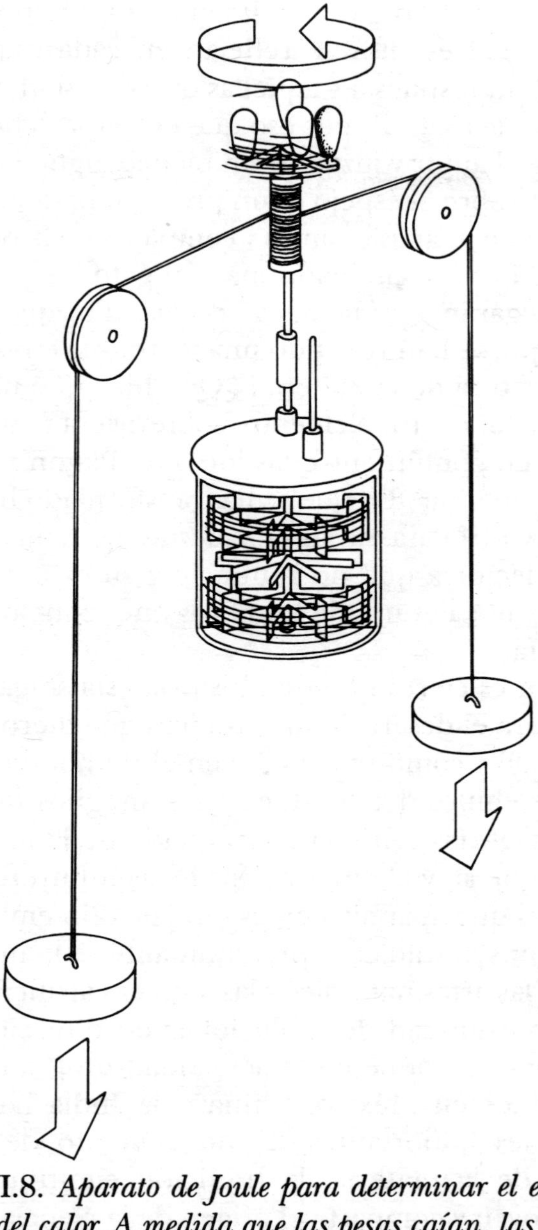

FIGURA VI.8. *Aparato de Joule para determinar el equivalente mecánico del calor. A medida que las pesas caían, las paletas giraban y esto incrementaba la temperatura del agua.*

decirse y se olvidaron, o para las que ya no hubo espacio. Las culpas del escritor se reflejan en cada esquina; las preguntas sin respuesta y aquellas que no están, y debían, lo delatan y acusan. Es por eso que el lector debe ser más astuto que el autor y juzgarlo sin piedad alguna.

El vapor sobre el espejo es un pretexto para narrar una de las partes más apasionantes y complejas de la historia de la ciencia. Pero la ambición mata al gato y seguramente muchos llegarán aquí llenos de dudas. ¿Por qué hay ciertas ideas que se han repetido una y otra vez en las teorías de la estructura de la materia? ¿Qué hizo que una teoría como la de los cuatro elementos sobreviviera tantos siglos? ¿Qué hay en común entre las ideas de Platón y la teoría atómica moderna? ¿En qué se ha transformado hoy la teoría del *pneuma*? Para aliviar el malestar, no tengo más que invitar al lector a que no renuncie a su deseo de saber más y consulte algunos de los libros que se incluyen en la bibliografía.

También es cierto que esta historia está sesgada. Aquí sólo se narra el desarrollo de las ideas que dieron lugar a la ciencia tal y como se concibe en el mundo occidental. ¿Acaso los chinos, los hindúes o los antiguos mexicanos no tenían teorías sobre la constitución de la materia? El hecho es que sí, y algunas de sus ideas influyeron en los pensadores que aparecen en este relato. Sin embargo, en estas culturas la tradición predominante se mantuvo asociada con las artes naturales y las técnicas artificiales, y no tuvo la oportunidad de evolucionar en direcciones más especulativas. Aunque en la actualidad un gran número de científicos en México, China o la India han hecho aportaciones importantes al conocimiento de las propiedades de la materia, la tradición científica en sus países es joven y comparte el origen de la ciencia de Occidente.

Finalmente confieso que los espejos son mi obsesión, no sólo cuando se empañan, sino porque ya van varias veces que reflejan el tamaño de mi ignorancia.

BIBLIOGRAFÍA

Arons, Arnold B., *Evolución de los conceptos de la física,* Trillas, México, 1970.

Asimov, Isaac, *Breve historia de la química,* Alianza, Madrid, 1975.

Boyle, Robert, *Física, química y filosofía mecánica,* Alianza, Madrid, 1985.

Selva, Teresa de la, *De la alquimia a la química,* Fondo de Cultura Económica, col. La Ciencia para Todos, núm. 118, México, 1995.

García, Horacio, *El alquimista errante: Paracelso,* Pangea, col. Viajeros del Conocimiento, México, 1991.

García, Horacio, *El investigador del fuego: Antoine L. Lavoisier,* Pangea, col. Viajeros del Conocimiento, México, 1991.

Lucrecio, *De la naturaleza de las cosas,* Cátedra, Madrid, 1983.

Read, John, *From Alchemy to Chemistry,* Dover, Nueva York, 1995.

Toulmin, Stephen, y June Goodfield, *The Architecture of Matter,* Harper and Row, Nueva York, 1966.

ÍNDICE

Este libro se terminó de imprimir y encuadernar en el mes de noviembre de 1999 en los talleres de Impresora y Encuadernadora Progreso, S.A. (IEPSA), calzada de San Lorenzo 244, 09830 México, D.F.

Se tiraron 20 000 ejemplares.

Tipografía y formación: *Mauricio Vargas,*
del Taller de Composición
del Fondo de Cultura Económica,
con tipos New Baskerville de 14, 12:14,
9:11 y 8:10 puntos de pica.

Corrección: *Jimena Gallardo,*
Ricardo Rubio y *los autores.*

Ilustraciones: *Roberto Campos.*

Fotomecánica y preprensa:
Formación Gráfica.

Cuidado de la edición: *Osvelia Molina.*

La Ciencia para Todos
es una colección coordinada editorialmente
por *Marco Antonio Pulido*
y *María del Carmen Farías.*